饮·食教室 04

红茶赏味指南

（日）EI出版社 编著
丁莲 译

華中科技大學出版社
http://www.hustp.com
有书至美 BOOK & BEAUTY
中国·武汉

目录

004 更充分地享受红茶的10个关键点

010 现在的红茶很精彩！

1 熊崎俊太郎先生，请为我们讲解红茶的魅力。
2 如今已是可以食用红茶的时代！
3 萃取茶到底是什么？
4 调味茶的世界已经进化发展成了这样！
5 运用北欧的器具来提升红茶时光的韵味！
6 日本的红茶也可以进化发展成这样
7 个性化的极致就是定制茶

034 “红茶行家”推荐的最佳红茶

TWG茶艺沙龙／大吉岭／银色茶壶／利福乐大吉岭茶屋／
罗列兹红茶店／茶屋泰泰／茶珠／
青山茶工坊／荷兰屋／茶歇时光

070 品牌红茶大图鉴

102 全面介绍红茶的魅力！

通过巨头对谈来进行探索！
104 第1章 彻底研究“红茶的乐趣”！

了解并发挥出茶叶个性的乐趣

110 第2章 初次享用红茶的品饮与鉴定术

从红茶与绿茶的差异开始着手

114 红茶，基础中的基础

茶叶的个性是由地域决定的

117 红茶的产地

印度：大吉岭／阿萨姆／尼尔吉里
斯里兰卡：汀布拉／乌瓦／努沃勒埃利耶／康提／卢哈纳
中国・肯尼亚・爪哇・日本

拜访“午后红茶”的试制室！

136 专栏 守护味道的专业人士致力于探究美味红茶的精髓

红茶研究家矶渊先生所传授的最新方法

140 第3章 冲泡出极致美味红茶的7大要诀

在饮用美味红茶的同时……

148 专栏 让我们一起来温习红茶的历史吧！

151 其实很简单！冷泡红茶的世界

158 休息一下，来杯恰依茶如何？

170 通过喜欢的茶具营造出幸福的下午茶时光

想要为了“这一杯”而外出

182 红茶店家的介绍

编者按：市场价格有所浮动，书中价格仅供参考。

更充分地享受红茶的

10个关键点

如果我们能了解红茶中蕴藏的故事，并掌握茶叶的选择方法和冲泡方法，就会发现红茶世界也因此而变得更加广阔与丰富。首先，让我们通过10个关键点来进入红茶的世界吧。

关键点▶何为茶叶？

01 大家平时所说的“红茶”到底是什么东西呢？

红茶、绿茶、乌龙茶，这些茶的材料其实都来自于同样的树木

红茶的原料来自于“茶树”。它的学名是“野茶树”(*Camellia sinensis*)，是山茶科的常绿木本植物。事实上，大家平时所说的红茶、绿茶，乃至于乌龙茶，它们的原料都是来自于“茶树”的。而这几种茶在香气和味道上的差别，是因为发酵程度不同。完全不进行发酵的类型有绿茶，彻底进行发酵的类型有红茶，而乌龙茶则是介于以上两者之间，也就是在茶叶的发酵过程未完成时便中止发酵的类型。成长过程一样的茶树叶，在经过发酵这一工序后，就会变成完全不同的茶，这一点也是相当有意思的。

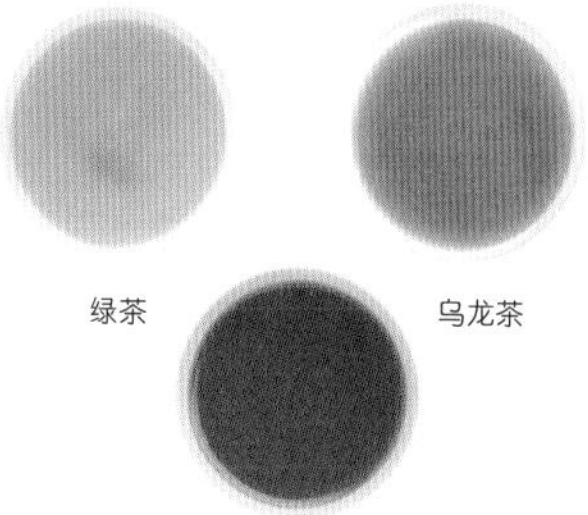

关键点▶如何选茶

02 如何邂逅合乎心意的红茶 挑选茶叶的窍门

从每天都想喝的红茶到专门为重要日子而准备的红茶

在想要挑选合乎心意的红茶时，我们首先要去了解红茶由于产地的不同而形成的个性上的差异。比如说，印度大吉岭的茶叶就算是采用清饮法，也可以获得让人陶醉的香气，而斯里兰卡乌瓦红茶或是印度阿萨姆红茶更加适合用来制作奶茶。接下来，我们还要去考虑，自己在什么样的场合需要饮用红茶。如果是日常饮用的话，就选择口感温和的茶叶。如果是为了特别的日子而准备茶叶的话，那么就要严格筛选茶叶的采摘时期和出产茶园，选择比较奢侈的茶叶。

关键点 ▶ 茶叶的风土条件

03

为了进一步深入探索红茶的世界，我们要了解红茶的产地

产地的环境以及气象条件会孕育出红茶的不同个性

因为茶叶是农作物，所以产地环境的不同，会造成茶叶在味道上的差异。比如是山间、高原还是平原等产地差异，以及气象条件和采摘时期的差异。举例来说，印度大吉岭红茶的产地基本都位于海拔较高的地区。那些地方白天和早晚的温差非常大，每天都会出现好几次雾气。随着那些雾气被风吹散，茶叶也会被日光晒干。而正是这种独特的气候条件，才让大吉岭红茶拥有了“茶中香槟”的美誉。此外，3—4月的春摘茶，5—6月的夏摘茶，10—11月的秋摘茶等，则是由于采摘时期的不同而形成了个性上的差异。大家可以饮用和比较一下不同产地、不同采摘时期以及不同茶园的茶叶，由此来寻找出最合乎自己心意的红茶。

关键点 ▶ 如何冲泡茶叶

04

红茶的味道取决于冲泡的方式？

仅仅是改变热水的烧开方式，红茶的味道都会出现变化

红茶的美味程度，取决于味道、香气和茶汤色这三大元素。想要调动好这些元素，关键之处就在于“跳跃现象”。由于开水的对流，茶叶会在茶壶内上下跳动。当茶叶均匀地融入开水中后，就可以通过浸泡将其中的精华完美地萃取出来。而形成跳跃现象所需要的条件，就是开水中含有充足的氧气，并且温度高到足以引发对流。

关键点 ▶ 茶叶品饮

05

想要了解茶叶的个性

就要尝试进行品饮

对于初次接触的红茶，需要先行确认它的性质

对于初次接触的红茶，我们首先要去了解它的固有味道，判断这种茶叶是采用清饮法比较好，还是更加适合用来制作奶茶。在本书中，我们会为大家介绍在家中也可以轻松完成的品饮方法，供大家进行参考。

关键点 ▶ 特别的冷泡茶

06

冷泡红茶的门槛

其实并不高！

如果用冷水浸泡茶叶，就能获得味道清爽的冰茶

冷泡红茶的特征，就是不用开水，而是用冷水来浸泡茶叶。因为冷泡的方式可以减少红茶特有的苦涩味，让红茶的口感变得更加清爽，而且方便快捷，只要在茶壶中放入茶叶和冷水就能完成，所以冷泡红茶近年来人气也在不断攀升。如果要制作冷泡红茶，我们建议大家选择拥有丰润香气和涩味，适合采用清饮法的茶叶。此外，因为水的味道会直接影响口感，所以大家最好选择好喝的冷水。由于冷泡红茶口感清爽，因此加入水果或是碳酸饮料，制作成调配茶也是不错的选择。

关键点▶调味茶

07

欣赏融入红茶中的花朵、水果或是香料等的香气

至上的芳香

调味茶的世界

调味茶的优点，就在于能让人们充分享受到红茶所营造出的香气，比如芬芳的花朵香气，或是水果香气等。加入了五颜六色的花朵或是水果的红茶，外表看起来非常美丽。而且我们还可以顺应四季变化来选择搭配的材料，比如春季使用樱花，夏季采用柑橘类的水果，秋季和冬季因为适合喝奶茶，所以可以选择香料或是巧克力、香草等带有甜蜜香气的材料。大家可以像选择香水一样，挑选出香气合乎自己心意的调味茶，让茶融入自己的日常生活中。

关键点▶饮茶时的桌面摆设

08

寻找在使用时总能打动心弦的

合乎心意的茶具

通过自由的感性来选择饮用红茶时不可缺少的搭档

在红茶时光中不可缺少的存在，就是茶杯和茶壶等茶具。如果大家能够冲泡出美味的红茶的话，自然也会想要用自己熟悉和喜欢的茶具来饮用它们吧。虽然平时说到喝红茶的话，人们通常会觉得应该使用古典高雅的器具，但其实在这方面大家完全可以进行随心所欲的自我发挥。哪怕是使用马克杯或是牛奶咖啡碗也没有关系。

关键点 ▶ 调制茶叶

09

将普通的红茶进行 华丽的调制！

调制的乐趣无限大 水果和香料全都可以利用起来

调配茶的魅力，就在于只要多花一些心思和精力，就能让普通的红茶化身为更加美味的存在。比如说，如果我们榨取出葡萄柚的汁液，将其和冰茶组合起来，就能品尝到酸酸甜甜的新鲜味道，而且这时茶汤外观的颜色层次也会显得非常美丽。因为柑橘、浆果等水果和红茶的搭配效果极佳，所以使用应季的水果来制作茶潘趣也会是相当愉快的事情。除此以外，在想要休闲的时候，运用香料来制作恰依茶，通过它刺激性的甜蜜香气来放松一下，似乎也是个不错的选择。大家需要尝试的，就是在考虑到茶叶特点的基础上，如何更好地发挥出它们的魅力。

关键点 ▶ 快乐的饮茶时光

10

每天都要打造 幸福的红茶时光

只要看到面前的红茶， 心情就会变得舒缓平和

选择自己喜欢的茶叶，悠然自得地冲泡和饮用，就可以让精神充分地放松下来。虽然在自己家里饮用比较舒服，但有时也可以选择去外面的店铺享受下午茶的时光。如果在工作间隙或是散步途中，去拜访一下能够品尝到珍品红茶的茶馆，说不定就能有新的发现，比如与众不同的调制方式，或是红茶与甜点的特别搭配等等。无论是在家里还是家外，大家都要努力打造属于自己的幸福的红茶时光。

现在的红茶很精彩！

调味茶、萃取茶、定制茶、日本红茶……近几年来，红茶的世界出现了不少值得关注的动向。下面，我们会为大家奉上红茶的7个人气话题。

红茶调配师 熊崎俊太郎 目前正因红茶而满心幸福

熊崎俊太郎，红茶调配师，曾经就职于红茶专营店和红茶进口专业商社，目前已经自立门户，现在在红茶界相当活跃，不仅开发出了自己原创的调配茶，还从事着茶室的咨询服务等工作。http://www.feuillesbleues.com/

流行趋势
1

熊崎俊太郎先生，请为我们讲解红茶的魅力。

如果能够掌握红茶的冲泡方法、饮用方式以及流行趋势，就会更深地爱上红茶！接下来，我们要传授给大家的，就是“熊崎式”的“与红茶愉快地打交道”的窍门。

了解了差异后，就会发现红茶的更多精彩！

能了解到红茶本质的锡兰调配茶

锡兰红茶是一款非常简单的调配茶。它是调配茶中最常出现的品种，受到很多人的喜欢。大家可以尝试一下，从众多不同厂家的产品中，寻找出符合自己生活方式和口味喜好的调配茶来。

想要了解品牌差异的话，可以关注格雷伯爵茶

格雷伯爵茶和大吉岭等品种一样，是红茶中王道般的存在。它是极少数的，能同时让人放松心情和振作精神的茶叶。如果大家饮用和比较一下各种不同品牌的格雷伯爵茶，就会发现它们也分别拥有不同的个性和针对性。这一点相当有趣。

也要注意能表现出调配师个性的茶叶！

熊崎先生所调配的这款名为“蓝色树叶”的红茶，是“史努比茶”中的限定款。这款拥有玫瑰香气的苹果茶，搭配苹果派堪称绝妙。在选择红茶的时候，对“调配师”多加注意也是别有一番乐趣的。

这就是熊崎式的

与美味红茶打交道的方式

▶▶ 让我们来谈一谈红茶的相关知识吧

在调配红茶的时候，浸泡红茶的时候，以及饮用红茶的时候，熊崎先生的表情中都充满了幸福感。熊崎先生和红茶在很久之前就结下了不解之缘，最早甚至可以追溯到他的小学时代。因此，我们也尝试询问了一下他进入红茶世界的契机。

“最初我只是单纯地被红茶的味道打动。从初中开始，我已经会去茶馆喝红茶了。我还记得那些为了红茶而花费心血的店铺，它们都让我感觉非常舒服。大学时代，我策划和经营过‘出游茶派对’。我注意到，红茶具备让人开心喜悦的力量。从那之后，我就决定要踏上红茶之路了。”

红茶不仅能安抚饮用者的精神，还能起到维系人与人之间感情的作用。熊崎先生所提到的红茶和咖啡的对比也相当有意思。

“这纯属我个人的看法。我觉得，咖啡给人的感觉，就是饮用者只要静静地收下和感受冲泡咖啡的人的心意就好。而喝红茶的时候，泡茶的人要分别根据个人喜欢的口味来进行调制，然后大家一面饮用合乎心意的红茶，一面其乐融融地谈天说地，感觉就像是身处沙龙中一样。”

熊崎先生之所以会有这样的看法，是因为品茶还存在着“茶杯以外”的扩展。他说：“如果大家除了红茶本身以外，还能对茶具种类、用来搭配红茶的点心或是料理，乃至于桌面搭配都有所了解的话，就会发现红茶的世界更具魅力。”在想要让包括自己在内的某个人感觉到幸福的时候，就为其冲泡一杯红茶吧。接下来，我们向熊崎先生询问了熊崎式冲泡方法的秘诀。

“我觉得浸泡是最重要的部分。也就是如何将潜藏在茶叶中的精华转移到茶杯中。此外，我习惯在准备的时候考虑到‘5分钟后’的事情，这一点也很重要。天气、时段、要来的是什么样的人、应该搭配什么样的点心或是料理等等，只有把这些因素都考虑到了，才能提供出最适合那个时间和那个人的红茶。”

1 切实地把控好“浸泡”的流程

在想要浸泡红茶时，使用手提锅会比较方便，因为这样能够及时迅速地把茶叶加入沸腾的开水中，而且便于把握茶叶状态。浸泡时间如果还不够充分，茶叶就会浮上来，在浸泡完成后才会沉下去。在茶汤出现了我们想要的香气和浓度时，也不要直接把茶汤倒入茶杯中。按照熊崎式的手法，这时我们应该一面用茶叶过滤网来滤除茶叶，一面把茶汤转移到茶壶中。熊崎先生表示：“如果能熟练掌握好手提锅的用法，就可以用茶壶来浸泡出符合‘黄金法则’的红茶，让红茶的品质得到明显的提升。”

2

浸泡温度要尽可能高

红茶的美味程度，很大程度上取决于开始浸泡后的那2分钟，也就是沸腾的开水温度下降到80℃之前的那个时间段。换句话来说，如果水温不高的话，水的温度就会很快下降到80℃以下，也就无法充分地获得红茶该有的风味。因此，冲泡红茶的窍门，就是要使用接近100℃的刚开的水。这样做的话，基本上就不会遭遇失败了。

3 茶具的选择要配合场景

上图中就是熊崎先生经常使用的茶杯。从右开始顺时针来看的话，当他想要仔细观察茶叶的时候，就会使用那个日光牌的纯白色杯子。在想要饮用恰依茶的时候，则会使用朋友从中国云南省买回来送给他的杯子。而身体不太舒服的时候，他使用的是理查德基诺里（Richard Ginori）的小杯。要搭配点心的时候，则使用韦奇伍德（WEDGWOOD）的杯子。

4 小心掌握好分寸，直至茶汤开始散发香气

关于茶叶的浸泡，熊崎先生从大约20年前开始，就注意到了尼龙三角茶包的重要性。使用尼龙三角茶包的话，红茶就不容易出现杂味，茶叶也会更容易展开，让浸泡进行得更加顺利。在使用它的时候，为了避免错过浓缩了美味精华的最后一滴“黄金水滴”，我们要把茶包悬在茶壶上方耐心地进行等待。

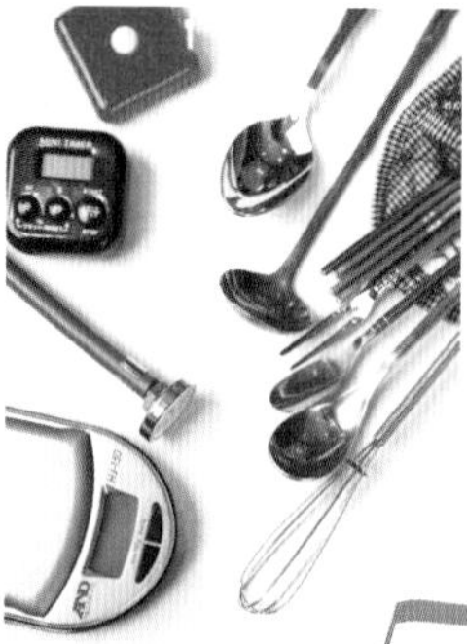

5 这些是熊崎式的必备道具

熊崎先生一直保持着随身携带红茶相关物品的习惯。从右边开始顺时针来看的话，首先是各种茶匙，然后是调配时会用到的以0.1克为单位的电子秤、温度计、用来查看浸泡时间的秒表，以及用来测量茶杯大小的卷尺。

▶▶ 接下来，值得瞩目的红茶就是……

熊崎先生还为我们介绍了未来一段时间内红茶可能出现的流行趋势。“从最近几年的大致走向来看，接下来的重点，应该会是‘茶叶壁垒’的崩塌，以及红茶的自我回归吧。”

确实，以前绿茶、中国茶和红茶等不同种类的茶叶是被明确划分开的。但是现在却有很多调配茶是把各种不同的茶叶混合到一起，而且这些调配茶还成为了人气产品。与此同时，追求红茶根源味道的蒸馏红茶以及有机红茶也吸引到了很多人的关注。比如在日本，以日本人的口味和日本水质为立足点的日本红茶，也拥有了相当强的话题性。

熊崎先生说：“也许很多人都还不太熟悉日本红茶，但它们确实作为一个新型流派，逐渐地站稳了脚跟。就我个人而言，我比较看重静冈的小栗茶园的产品。”

闭上双眼，让精神集中在香气和味道上。“没有什么绝对正确的冲泡方法。只存在最适合那个时刻的冲泡方法。”

熊崎先生所挑选出的红茶可以在这里喝到！

东京第一酒店大堂休息区

熊崎先生所选择和推荐给我们的，是在酒店“大堂休息区”中，与顺应季节变化推出的原创甜点进行搭配的红茶。

信息

东京第一酒店
大堂休息区
东京都港区新桥1-2-6
东京第一酒店1层
☎：
03-3501-4411（总机）
营业时间：
09:00—22:00
休息日：无

要点确认！

冷盘鹅肝酱
×T961
亚历山德拉·大卫-妮尔

以添加了水果香气和香料的红茶为基底，制作出清爽的味道。马瑞格佛芮勒斯（MARIAGE FRÉRES）风格的特点，就是把红茶当作葡萄酒来使用。

流行趋势 2

红茶已经不仅仅是饮料！

如今已是可以食用红茶的时代！

大家是不是觉得红茶只是用来喝的饮料呢？这么想的话就太落伍了。因为红茶可以添加在料理或是糕点中，让人享受到“食用”的乐趣。那么，就让我们来对“食用红茶”的世界窥探一番吧。

马瑞格佛芮勒斯银座本店

信息

马瑞格佛芮勒斯银座本店
东京都中央区银座5-6-6　☎：03-3572-1854
营业时间：1层（销售）：11:00—20:00、2层、3层：（红茶沙龙）11:30—20:00（最后下单时间：19:30）
休息日：无　http://www.mariagefreres.com

无论是甜点还是料理，主角都是红茶！

说到红茶，人们脑海中浮现出的，肯定都是它作为“饮品”的享用方式吧？但是，大家知道它其实还具备“食用”的乐趣吗？

总店位于东京银座的“马瑞格佛芮勒斯”是一家法国的茶叶专卖店。在这里，除了来自世界35个国家，多达500种的茶叶以外，还配置了茶具和甜点等很多和茶艺有关的东西。马瑞格佛芮勒斯总店的1层是销售区，2层和3层则是开设红茶沙龙的区域。

在店中能够“食用”红茶的地方，就是红茶沙龙。在那里，点心车中每日提供的16~20种糕点，几乎全都使用了茶叶。比如说，制作南瓜馅饼时，在混合核桃肉和焦糖时，就添加了经过浸泡的“马可波罗”红茶。又如，在草莓和开心果慕斯馅饼中，注入了红茶的果冻。红茶茶叶有时会出现在糕点的表面上，有时则作为调味料起到提味作用，还有些时候，只是为了给糕点增添淡淡的茶香。此外，红茶还可以运用在料理中。比如，在制作烤大虾的时候，红茶不仅可以用在酱汁里，还可以作为调味料直接撒在大虾上面。

如同开头就说过的那样，马瑞格佛芮勒斯茶叶店所供应的茶叶大约有500种。让人吃惊的是，据说使用那些茶叶制作出的糕点，每天都不会重样。依靠常年培养出来的经验，甜点师每天都在微妙地改换茶叶或是技巧，每天都在制作“只属于那一天的味道”。按照马瑞格佛芮勒斯茶叶店宣传推广主管的说法，就是“我们的店铺是法国风格的茶叶专卖店。所以说到底，主角还是茶叶，其次才是料理和空间。”也就是说，无论是糕点还是料理，都是“用来表现红茶的一种方式”。

要点确认！

焗烤新喀里多尼亚天使虾

×T9403

蒙塔尼亚多鲁红茶

酱汁中所用到的蒙塔尼亚多鲁红茶，是拥有南国水果香气的红茶。在经过凝缩的海鲜味道的基础上，这款红茶为菜品添加了清爽的甜味，起到了画龙点睛的作用。

法式劈柴蛋糕

×T921 圣诞精灵红茶

这是一款法国家喻户晓的圣诞蛋糕。圣诞精灵红茶带有香草、香料和柑橘的甜蜜馥郁的香气，令这款蛋糕味道独特。

要点确认！

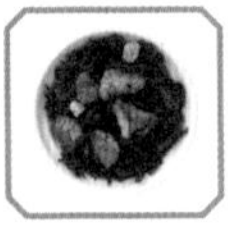

要点确认！

巴黎布雷斯特

×T6200

“秋之火红”红茶

在从鲜奶油中露出来的香草糖渍栗子中，混合着“秋之火红”红茶味的香气，让蛋糕的香气变得更加甜蜜诱人。

其中的隐味……
全部都是红茶！

多层馅饼

×T7000 法国早餐茶

法国早餐茶的特点，就是可以让苹果的甜味和酸味恰到好处地融为一体。食用时请大家添加上充足的奶油。

要点确认！

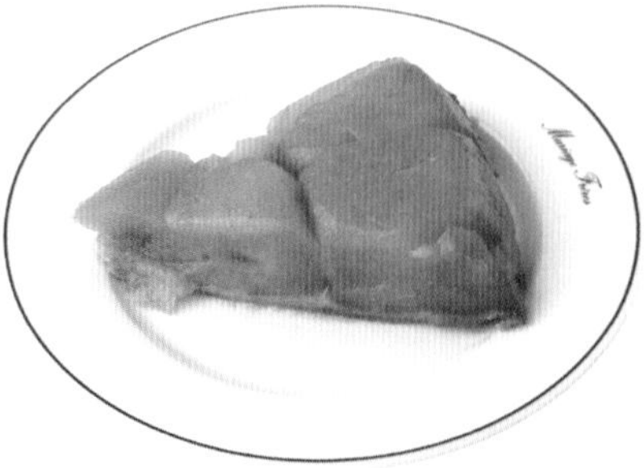

要点确认！

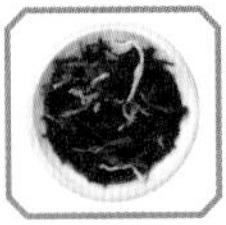

水果馅饼

×T904 波莱罗红茶

在奶油中使用了用地中海的花朵与水果调配的波莱罗红茶。馅饼中的水果和波莱罗红茶的香气相叠加，形成了更加浓郁的味道。

要点确认！

红茶的瓦瓦罗亚

×T911 厄洛斯红茶

在瓦瓦罗亚中，使用了经过浸泡的厄洛斯红茶。一口咬下去，奶油的味道和厄洛斯红茶花朵般的香气就会同时在口腔中扩散开来。此外，它具有艺术感的美丽断面也很吸引人。

要点确认！

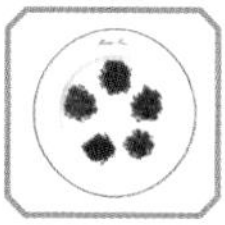

科洛尼亚蛋糕
卡纳尔贝壳蛋糕
马卡龙（粉色、绿色）
×T129 大吉岭普林斯顿红茶
T7255 生日茶
T8002 帝国伯爵茶
T922 奥利安特尔茶
T942 德多菲特茶

烤制点心也可以使用红茶。可以给点心添加浓郁、甜蜜或是华丽的香气，更好地衬托出不同点心的特色味道。

要点确认！

洋梨焦糖慕斯
×T8201 香德纳格红茶

在上层的奶油中，使用了混有香料的香德纳格红茶。香料和洋梨的搭配，带来了出乎意料的口味！

要点确认！

焦糖核桃和香草慕斯
×T950 皇家婚礼茶

奶油煎香蕉的酥脆口感让人心情愉快。用于慕斯中的皇家婚礼茶是拥有焦糖和香草芳香的红茶。

要点确认！

吉布斯特
×T8005 法式蓝伯爵茶

这里使用的是拥有温和的柑橘类水果香气的法式蓝伯爵茶。酸味、甜味和焦糖的苦味相调和，别有一番滋味。

草莓和开心果慕斯馅饼
×T914 山楂红茶

第三层的黑色部分是混合了浆果的山楂红茶果冻。它还起到了将第一、二层的慕斯和第四层的蛋糕胚连接起来的作用。

要点确认！

要点确认！

南瓜馅饼
×T918 马可波罗红茶

色泽鲜艳的南瓜馅饼。在给夹在奶油之间的核桃仁浇上焦糖的时候，还放入了经过浸泡的马可波罗红茶。

为我们提供红茶拿铁的人，是萃取茶的开发者香织女士。香织女士曾经在“沙扎比公司”（Sazaby）从事配方开发的工作。在离开那里后，她观摩了世界各地的众多茶叶产地，开拓出了自己独有的渠道。2007年，她在横滨元町开设了可以饮用到萃取茶的名为“卡奥利斯”（Kaoris）的茶馆。

向萃取茶的开发者提问

流行趋势 3

萃取茶到底是什么？

作为新型饮料的萃取茶，最近引发了不少话题。它来源于红茶的原产地，还是和星巴克一样是美国出品？其实呢，它是土生土长的日本品种！它就是在大家身边演变发展出来的新的红茶调制形式。

萃取茶是什么？

萃取茶是把切碎后的专用茶叶中的精华充分提取出来的红茶，形式上类似于意式浓缩咖啡。因为它通常是搭配牛奶来进行调制，所以可以用来制作普通红茶无法做出的红茶摩卡或是红茶拿铁！

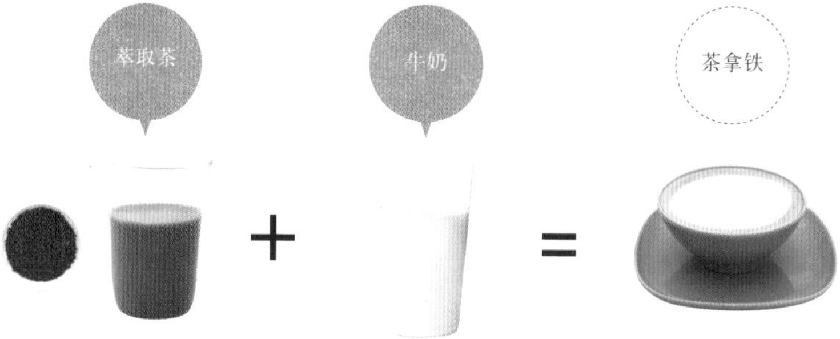

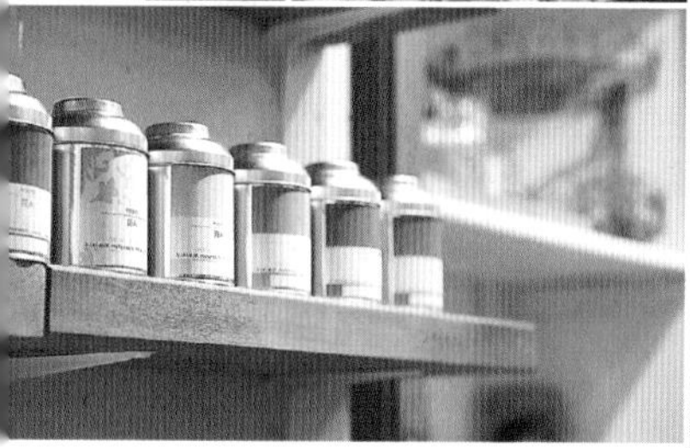

在“卡奥利斯”茶馆中，大家可以饮用到多达40种的红茶，而且还可以品尝到适合搭配红茶的食物，比如用小麦制作的司康饼等。此外，这里的茶叶是可以打包外卖的。

浓厚的萃取茶可以进行灵活自由的调制

萃取茶的开发者，是曾经在“下午茶”（Afternoon Tea）和“星巴克”（Starbucks）负责过配方开发的女强人策划师香织女士。萃取茶和意式浓缩咖啡一样要使用到机器制作。但是，红茶和咖啡不同，为了让茶叶片展开，必须经过焖蒸的环节。因此，香织女士独立开发出的专用机器，就具备焖蒸的功能。通过在焖蒸的同时施加压力，可以成功地提取出拥有浓厚的芳香、爽快的涩味，恰到好处的口感的萃取茶。

目前，大型的饮料厂家和食品厂家也注意到了萃取茶的魅力，正在进行着各种各样的商品开发。这也就意味着萃取茶拥有无限扩展的可能性。今后萃取茶会有什么样的发展，无疑是非常值得关注的事情。

红茶拿铁是这样制作出来的

用这台机器来制作

这是香织女士独立开发的萃茶机。通过一面施加压力一面焖蒸的方式，激发出红茶原本的美味，提取出浓厚的萃取茶。

1

用同样的机器，将从日本岩手县的牧场送来的拿铁专用牛奶进行蒸煮。

2

像制作意式浓缩咖啡那样，把用于冲泡一杯茶的茶叶塞进手柄部分，并将手柄安装到萃茶机上。

因为施加了高压，茶汤会像意式浓缩咖啡那样，在液体表面形成非常细腻的泡沫。

3

在施加压力的同时，焖蒸功能也发挥了作用，浓稠的液体一点点地流了出来。

4

上图展示了将提取出来的萃取茶转移到茶杯中的步骤。如果制作红茶拿铁，大约要使用45毫升的萃取茶。

全部展示出来！

萃取茶调制菜单

Arrange Menu

柑橘柠檬茶

奶茶和柠檬茶的初次“合作”。这两者的绝佳搭配效果出人意料，有种柠檬派的味道。630日元。

榛子豆奶红茶拿铁

香喷喷的榛子糊和豆奶相搭配，就调配出了非常适合在冬季饮用的拿铁。700日元。

加尔各答恰依茶

使用了姜粉和小豆蔻等香料的北方恰依茶，味道比较有刺激性，喝完后身体会暖洋洋的。630日元。

凯勒恰依茶

以椰子为基底的南方恰依茶。口感比较温和淡雅。630日元。

水果苏打红茶

用苏打来稀释萃取茶，用水果来进行点缀。这款红茶给人的感觉非常清爽。820日元。

用柑橘皮来进行点缀

巧克力柑橘茶

口感丰富的红茶，可以让人体验到类似于巧克力和柑橘制成的甜点般的感觉。但品饮起来又不会太过甜腻，而且还拥有让人神清气爽的柑橘类水果香气。630日元。

红茶拿铁

最基本的搭配模式，能够享受到蒸煮过的牛奶与红茶混合后的美味口感。它充足的分量可以让饮用者十分满足。580日元。

红茶摩卡

借助巧克力调制出的豪华味道让它极具人气。作为隐味，里面还加入了少量的榛子。630日元。

5

最后注入牛奶，完成制作。虽然外表看起来像咖啡拿铁一样，但是香气和味道都完全是红茶的。

卡奥利斯茶馆

不断创作出新型基本款红茶的香织女士经营的品茶店。这里不光有美味的萃取茶，香织女士所设计的堪称绝妙的食品菜单也极具人气。因为红茶的种类非常丰富，大家还可以根据自己当天的心情来选择合乎口味的茶叶，享用定制茶。

信息

卡奥利斯茶馆

神奈川县横滨市中区元町3-141-8-2F

☎：045-306-9576

营业时间：11:00—20:00

休息日：无

官方网站：http://www.kaoris.com

流行趋势 4

红茶可以因为香气而有丰富的变化

调味茶的世界已经进化发展成了这样！

调味茶最大的特征就是可以让人享受到丰富而又各具特色的香气，比如芬芳的花香，甜蜜的水果香味等。我们尝试在拥有世界各地的红茶品种的“绿碧红茶苑”（LUPICIA）茶叶店中，探究调味茶的历史以及享用方式。

调味茶可以让人享受到自己喜欢的香气！

人类除了可以通过味觉来区分酸、甜、苦、辣、咸这5种味道以外，还可以通过嗅觉的联动，进一步感受食品或是饮料的“风味”。而能让人充分发挥这一能力，并从中获得享受的饮料，就要数调味茶了。

说到基底红茶中的代表性存在，一般人都会想到“格雷伯爵茶”。这种红茶深受曾经担任英国首相的查尔斯•格雷伯爵的喜爱，名字也是来源于此。伯爵茶是以中国的祁门红茶为基底，并添加了佛手柑香气的红茶。调味茶就像这样，在发挥出作为基底的茶叶本身味道的同时，又添加上了新的香气。而调味茶之所以能成功做到这一点，很大程度上要归功于茶叶能够良好吸收其他香气的特性。那么，茶叶和其他的调味用食材是如何组合到一起的呢？“如果用香水的选择来打比方的话，就比较容易明白了吧。不过，就如同同一种香水喷洒在不同的人身上时，香味也会有微妙的变化那样，茶叶和其他香气

的搭配，也有一个是否适合的问题。”绿碧红茶苑茶叶店宣传推广部的工作人员高桥敬子女士对我们如此说道。

而选择的窍门，就是一定要选择自己喜欢的香气。因为大前提就是要享受香气，所以没有什么“非此不可”之类的规则。由于不同的人在口味上的喜好也会有所差异，因此假如要用调味茶来当做礼物的话，我们建议大家最好引入季节的元素。比如春季选用樱花的香气，夏季使用柑橘类水果的香气，在能够感觉到凉意的秋季和冬季，最好选择香料、巧克力、香草等甜美感十足的香气。因为只要不开封，调味茶的保质期有2年左右，所以非常适合用来当做季节转换或是家庭内部进行庆祝时的礼物。它的保存方法，就是放入遮光性较好的罐子中进行常温保存。当进行冲泡时，为了获得足够美味的调味茶，大家最好使用滚开水。在茶具方面，如果使用陶器，可能会影响香气，所以我们建议大家使用瓷器或是耐热的玻璃器皿。附带茶叶过滤网的马克杯也是不错的选择。总之，大家要配合季节和心情，选择出符合自己口味的茶叶。

堪称超越了红茶范畴的10种红茶

1

要点确认！

如果要制作相当于冬季经典款的恰依茶……

香料茶

混合了丁香、肉桂和小豆蔻等香料的红茶。这款红茶的特征是既具备了香料的刺激性，香气又不会太过浓烈。它和牛奶搭配时的口感也很绝妙。浸泡时间：2.5～3分钟/50克500日元。

2

要点确认！

适合用于肚子空空的点心时间

曲奇红茶

曲奇红茶拥有类似于刚出炉的焦糖曲奇般的甜蜜香气。在混合了杏仁后，还可以调制出相当舒爽的味道。而如果加入牛奶，还可以让甜味变得更加自然。浸泡时间：2～2.5分钟/50克600日元。

3

让人心动的清新感

桃茶

要点确认！

樱桃红茶拥有让人心动的酸酸甜甜的口感，算是日本特有的调味茶之一。深红色的成熟果实和淡绿色茎杆的搭配，看起来相当赏心悦目。浸泡时间：2.5～3分钟/50克550日元。

4

入睡前来一滴朗姆酒

朗姆葡萄干茶

要点确认！

朗姆酒的芳香和葡萄干中浓缩的甜度恰到好处地融为一体。无论是采用清饮法，还是制作成比较甜蜜的奶茶，在混合了朗姆酒后都会变得非常美味。浸泡时间：2.5～3分钟/50克600日元。

5

可以用来打消早起或是熬夜时的倦意

摩茶

要点确认！

据说达摩祖师为了能专心修行，曾经依靠喝茶来驱除倦意，这种红茶的名字就来源于这个传说。它将印度红茶和水果混合到了一起，并通过加入粉红胡椒来起到提神的作用。浸泡时间：2.5～3分钟/50克650日元。

要点确认！

调味茶中的经典款
格雷伯爵茶

格雷伯爵茶是以祁门红茶为基底，通过佛手柑油来添加香气的正统派调味茶。格雷伯爵茶人气极高，无论是采用清饮法还是制作成奶茶都相当美味。浸泡时间：2.5～3分钟/50克450日元。

6

7

适用于华丽的场景或是庆祝的宴席
香茶

要点确认！

酸酸甜甜的草莓和香槟的香气融合在一起。粉色和银色的颗粒，好像漂浮在杯中的气泡，看起来十分可爱。浸泡时间：2.5～3分钟/50克650日元。

8

要点确认！

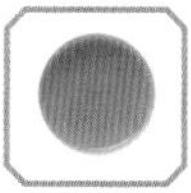

适合在寂静的夜晚，伴随着蜡烛的光芒享用
美茶

这种冬季限定的红茶，除了拥有能让人联想到圣诞蛋糕的草莓与香草的香气外，还借助玫瑰的花瓣演绎出华丽的视觉效果。它温柔甜美的香气令人印象深刻。浸泡时间：2.5～3分钟/50克600日元。

来自甜点师的巧克力气息
柑橘巧克力茶

要点确认！

柑橘的清爽酸味，和巧克力略带苦涩的香气的搭配堪称绝妙。虽然味道相当浓郁，但因为巧妙地使用了小豆蔻，这款红茶还具备了一定的清凉感。浸泡时间：2.5～3分钟/50克600日元。

9

10

明明是红茶却要加入咖啡豆？
焦糖玛奇朵红茶

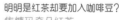

要点确认！

在味道浓郁的红茶中，混合了焦糖与咖啡的焦糖玛奇朵红茶香气让人无法抗拒。此外，这款红茶也可以用来制作奶茶。浸泡时间：2～2.5分钟/50克650日元。

讲解人
北欧生活用品店
佐藤友子女士

为大家讲解红茶和茶具的美味关系

流行趋势 5

运用北欧的器具来提升红茶时光的韵味！

从简约风到华丽风，北欧的器具在种类上可以说是相当丰富。在北欧的餐具中，隐藏着让下午茶时光变得更加愉快的魔法！

MARIMEKKO
玛莉美歌

玛莉美歌（Marimekko）创立于1951年，是人气跨越了国籍和时代的芬兰家居布艺品牌。“玛莉美歌的餐具线条中蕴含着独特的可爱之感。在使用它们的时候，餐桌上仿佛也增添了一份柔和感。”佐藤友子女士这样说道。

(Siirtlapuutarha Mug)

斯特拉普塔哈／马克杯
250毫升／白色和黑色

仔细观察的话，就会发现黑色圆点的大小各不相同，相当个性化。这种设计比较有时尚感，也推荐男士使用。φ80毫米×H95毫米／2,310日元。

ARABIA
阿拉比亚

创建于1873年的芬兰陶器品牌。它在保持设计感和艺术性的同时，不断开发制作出各种实用性的陶器。佐藤友子女士评价道：“虽然价格略为昂贵，但存在感十足，只要摆上一个，餐桌看起来就会显得更加与众不同！”

PARATIISI

帕拉迪斯／茶杯及茶托

餐具整体上描绘着水果的纹样。具有让人陶醉的美感，非常适合用来招待客人。茶杯：φ88毫米×H67毫米；茶托：φ165毫米／8,925日元。

Runo

鲁诺／夏日花环／茶杯及茶托

茶托朝上的一面也布满了花纹，因此拿起茶杯也变成了让人愉快的事情！茶杯：φ85毫米×H65毫米；茶托：φ165毫米／8,925日元。

Runo

鲁诺／春之水滴／茶杯及茶托

“鲁诺”（Runo）在芬兰语中是诗歌的意思。此系列的产品中有图案对应四季变化的品种，上图中就是春季的图案。茶杯：φ85毫米×H65毫米；茶托φ165毫米／8,925日元。

ALMEDAHLS
阿鲁麦达卢斯

瑞典历史最悠久的家居布艺厂商之一。佐藤友子女士评价道：“在陶器方面，阿鲁麦达卢斯采取的是自己公司负责设计，再交给罗斯兰公司进行制作的模式。它的魅力就在于，即使是可爱风格的设计，看起来也非常上档次。”

Teema

蒂玛／茶杯及茶托／橄榄绿

茶杯和茶托都可以分别拿出去单独使用的优良制品。简约的设计形成了永不落伍的基本款。茶杯：φ82毫米×H60毫米；茶托：φ143毫米／3,465日元。

Teema

蒂玛／马克杯 400毫升／蓝色

容量十足的400毫升马克杯。因为杯身不高，很有稳定感。深蓝色可以将奶茶的颜色烘托得更加诱人！φ100毫米×H75毫米／2,940日元。

Origo

欧瑞格／马克杯250毫升／橙色

虽然是拿铁马克杯，但也可以用来冲泡奶茶或是恰依茶。北欧独特的色彩搭配有振奋精神的视觉效果！圆润感和便于握持的特点也是其魅力所在。φ80毫米×H90毫米／3,150日元。

ITTALA
伊塔拉

创建于1881年的芬兰餐具品牌。佐藤友子女士评价道：“说到北欧餐具，不能不提的就是伊塔拉（ITTALA）。它的设计是典型的北欧风格，经典大方、永不落伍，拥有一个的话就想要一直珍藏下去。”

Herb

香草／马克杯

设计风格相当可爱的香草图案马克杯。润泽的质感和充满暖意的主题图案搭配得恰到好处。φ85毫米×H95毫米／2,940日元。

▶▶ 北欧的餐具可以扩展红茶的乐趣

说到用来喝红茶的茶具，可能很多人都觉得需要使用古典高雅的器具才行。这么做当然没有问题，但难得的下午茶时光，如果能不拘泥于形状，追求自身喜好的茶具，应该也比较有意思吧？在这种时候，我们要向大家推荐的，便是北欧的器具。北欧的器具品牌众多，款式丰富，既有高雅大方的款式，又有时尚多彩的设计，足以让大家从下午茶时光中获得更多的乐趣。为了更充分地了解北欧餐具的魅力，我们向专门经营北欧器具的“北欧生活用品店”的老板佐藤友子女士进行了请教。

“北欧器具的优点，在于集设计感和功能性于一身。而且，它们其实也很适合用来搭配日式餐具。就算在满是日式餐具的餐具柜里混放若干北欧餐具，看起来也会很协调。”

MON AMIE

梦那米／马克杯

这种平底的大杯子，非常适合用来畅饮冰茶。"MON AMIE"是"朋友、恋人"的意思。所以请把它用在和重要的人共度的时光中。φ80毫米×H120毫米/3,150日元。

Rorstrand

罗斯兰

创立于1726年的瑞典陶器品牌。诺贝尔颁奖典礼后的晚餐会上，使用的就是这家公司的餐具。"罗斯兰（Rorstrand）的产品大多以植物为主题，极具女性化的优雅感，所以非常适合出现在饮用红茶的场合中。"

Swedish Grace

斯威蒂什格雷斯／茶杯及茶托／天空蓝

悠然地扩展开的杯口形状非常美丽。淡雅的色彩也十分适合用来搭配奶茶。茶杯：φ105毫米×H60毫米；茶托：φ155毫米/5,250日元。

Sundborn

松德博恩／茶杯及茶托

仿佛绽放的花朵般的高雅线条十分出彩。把手和杯子边缘的蓝色起到了画龙点睛的作用。茶杯：φ100毫米×H55毫米；茶托：φ160毫米/6,825日元。

Pergola

派鲁格拉／茶杯及茶托

平展的茶托放在餐桌上时看起来十分协调。因为底色是白色的，可以充分烘托出红茶的色泽之美！茶杯：φ90毫米×H60毫米；茶托：φ150毫米/3,675日元。

Kurbits

车威姿／茶杯及茶托

茶杯及茶托中比较少见的大容量尺寸。不过虽然体积较大，使用起来却相当轻巧方便。茶杯：φ90毫米×H80毫米；茶托：φ165毫米/4,200日元。

Retro

莱特洛／马克杯 2个一组

这一系列名称的意思为"复古、怀旧"。如其名，这款拿铁马克杯散发着复古的气息。因为价格比较亲民，它们似乎可以在日常餐桌上大显身手。φ85毫米×H110毫米/2,625日元（2个一组）。

SAGAFORM

萨卡佛慕

创建于1994年的瑞典品牌。其产品在瑞典传统文化的基础上，由人气设计师进行了发挥和创新。佐藤女士表示："因为萨卡佛慕（Sagaform）的价格比较亲民，所以建议大家在日常生活中使用这个品牌。"

如果考虑到和红茶的契合度，应该选择什么样的器具比较好呢？佐藤女士表示："历史悠久的瑞典陶器厂商'罗斯兰公司'，出产了品种相当丰富的红茶专用茶杯和茶托，所以如果喜欢比较正统规范的风格，建议选用罗斯兰公司的产品。"而且罗斯兰还有不少设计风格颇为简约可爱的产品，它们轻巧而又便于使用，功能性极强。

不过，佐藤女士同时也表示，有时候也不用太过拘泥于"正统派"，尝试使用某些设计更有趣味性的产品，应该也是个不错的选择。

"我觉得，有时也可以选用一些用途广泛的器具。比如用没有把手的拿铁马克杯来饮用奶茶，或是用喝咖啡的杯子和杯托来享受红茶。北欧餐具的优点，就是只要拥有一个，就能让家中的餐桌焕发活力，让主人的心情也变得更加愉快。大家可以收集若干套茶具，尝试一下在不同场合分别使用不同的茶具。比如招待客人的时候，就可以使用比

koloni STOCKHOLM
科洛尼斯德哥尔摩

科洛尼斯德哥尔摩（koloni STOCKHOLM）是瑞典的品牌，以“感觉仿佛坐在奶奶家的厨房中”为主题，开发出了一系列色彩时尚却又具备怀旧感的商品。佐藤友子女士评价道，“这种既像是餐具，又像是装饰品的感觉非常棒。”

洋梨图案杯

马克杯/洋梨（黄色）

模拟了20世纪60年代的北欧风格，使用复古的洋梨主题图案。轻巧而便于使用的尺寸也是其魅力所在。φ70毫米×H80毫米/2,940日元。

苹果图案杯

马克杯/苹果（绿色）

如果用这个马克杯来饮用苹果茶的话，应该会是非常愉快的事情。它和杯托的搭配也很值得期待。φ70毫米×H80毫米/2,940日元。

古董款茶具

作为高级篇的知识，下面展示了一些古董款的餐具。佐藤友子女士评价道：“能不能遇到古董款全靠运气和机缘。不过，古董款的风格偏向小巧玲珑，购买时请不要忘记确认尺寸。”

RORSTRAND
罗斯兰

ANNIKA

安妮卡/茶杯及茶托

1972—1983年间出产的产品。温暖的色调让它可以完美地融入餐桌。茶杯：φ85毫米×H55毫米；茶托：φ140毫米/8,990日元。

ARABIA
阿拉比亚

Faenza

茶杯及茶托/法恩莎蓝色

1973—1979年间出产的产品。表面的碎花图案非常可爱。茶杯：φ90毫米×H65毫米；茶托：φ170毫米/8,000日元。

较昂贵的‘阿拉比亚’系列，平时自己用的话，就使用‘阿鲁麦达卢斯’或是‘萨卡佛慕’等价格比较平易近人的休闲风茶具。”

那么，为了让每天的下午茶时光变得更加愉快，大家尝试一下寻找自己专属的北欧茶具吧。

北欧生活用品店

信息

北欧生活用品店
东京都国立市北1-12-2
☎：042-577-0486
营业时间：13:00—18:00、每月第二、第四个周六为11:00—18:00
休息日：周日；法定假日；每月除第二、第四周以外的周六
http://hokuohkurashi.com

起源于冲绳，以走向世界为目标的日本品牌

流行趋势 6

日本的红茶也可以发展成这样

冲绳出产的红茶，拥有浓稠[illegible]
轻微摆动、慢慢恢复原本的形状。大[illegible]
进行二泡、三泡的正统红茶。

这就是日本享誉世界的红茶

这是100%采用冲绳产茶叶制成的琉球红茶“月夜之馨”。之所以名为“月夜之馨”，是因为它使用的茶叶，全都是在日落月升之时，也就是从傍晚到深夜的时间段中采摘下来的。两叶一芯的芯芽上布满了浓密的金色茸毛。而这种“黄金芯芽”，就是上等红茶品质的最佳证明。罐装30克/3,675日元。

冲绳红茶工厂

这家企业不仅制造和销售原创品牌“琉球红茶”，冲绳红茶工厂还为诸多客户提供红茶的调配技术。作为红茶的综合制造企业，冲绳红茶工厂提供的技术包括了从企划到操作的整个流程。

信息
冲绳红茶工厂
☎：098-965-4767
http://www.okitea.com

“之所以美味”的5个理由

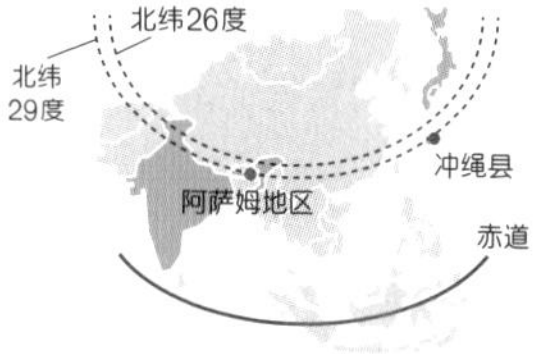

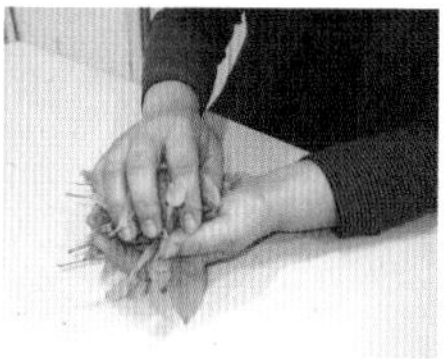

③ 孕育出差异的“红誉”

阿萨姆茶树的茶叶很适合用来制作红茶。在琉球红茶“月夜之馨”的产地金武町，就栽培出了日本土生土长的珍稀品种“红誉”。

① 北纬26度的秘密

著名的红茶产地大都位于北纬30度以南，并由此而形成了茶叶的环形产区。这是因为茶树的生长不能缺少强烈的紫外线。

② 冲绳特有的奇迹红土

扎根于酸性红土上的茶树，会孕育出富含大量丹宁酸的上等茶叶。冲绳的泥土，恰恰是最适合栽培红茶的红土。

④ 关键是“母亲般的触摸”

让手工采摘的茶叶自然干燥，并在茶叶水分蒸发、变得干枯后，温柔地用手进行揉搓。

⑤ 最高超的品鉴技术

之所以能一直保持稳定的品质，是因为这里有品鉴技术高超的调配师。

这位是冲绳红茶工厂的法人内田智子女士。她拥有能够通过味道分辨红茶产地的味觉和嗅觉，同时也是一位相当活跃的调配师。

▶▶ “将所有努力都体现在一杯红茶中”的信念

“居然有如此美味的红茶。”1993年，现冲绳红茶工厂的法人内田智子女士，因为红茶相关的工作而移居斯里兰卡。她现在事业的原点，可以说就是当年在红茶发源地的各种体验。本着天生的探索精神和好奇心，她3年中学习了茶树栽培、茶叶制造、品鉴和调配等各种红茶相关的技术。

1995年，内田女士到了冲绳。在冲绳，她看到了和斯里兰卡一样的红土。在得知冲绳和红茶的故乡阿萨姆地区处于同一纬度后，内田女士确信冲绳可以成为红茶的优质产地，孕育出非常美味红茶。

“茶树在扦插2年、移植3年后，才能生长出可以制作红茶的茶树叶。所以，种植茶树的农民，在进行移植后会有3年时间都没有收入。因此认真地说起来，红茶产业是必须扎根于某个地区的。”

从2000年开始，冲绳县已经开始制造红茶。但是在获得令人满意的红茶之前，冲绳县一直都没有销售过完全在冲绳制造的茶叶，而是贩卖将冲绳茶叶和进口茶叶混合而成的调配茶。冲绳县开始贩卖琉球红茶“月夜之馨”，已是2009年了。当时在新宿百货店限量发售的琉球红茶，很快就销售一空。

冲绳红茶工厂和农家签订了合同，要求他们不能使用农药，对工厂提供的苗木进行有机栽培。而手工采摘下来的茶叶，也要经过细致的手工揉搓、发酵和干燥。

100克1万日元的极品红茶，在从生产到制造的环节中，都彻底贯彻了冲绳红茶工厂的风格。而他们也希望这样的成果能反馈到茶田中，激发出大家对于冲绳土生土长的琉球红茶的自豪感。

“我们的所有努力，都将体现在顾客们饮用的那一杯红茶中。”

琉球红茶在2010年的收获量是1吨左右，2011年增加到2~3吨。伴随着收获量的增加，琉球红茶的挑战才刚刚开始。

红茶也进 [illegible] 的时代

流行趋势 7

个性化的极致就是定制茶

有的人希望红茶也能如同裙子、西服或是发型那样，充分地体现出个人的喜好。对于这种讲究个性化的顾客，我们要推荐的就是红茶的定制茶。为了让大家对定制茶充分了解，我们前往红茶专卖店进行了紧急采访！

红茶专卖店
谢多布鲁chef-d'oeuvre
信息
红茶专门店谢多布鲁
http://www.chef-doeuvre.info

▶▶ 用最佳品质的素材来制作自己的专属配方吧

提到红茶，仅仅是茶叶就已经包含了五花八门的各类品种，如果再加上调配或是调味的元素，红茶更是存在着千变万化的无限可能性。因为可供挑选的选项很多，所以大多数的红茶爱好者都可以从中找出合乎心意的味道，充分享受自己的红茶生活。可以根据场景的不同来改变茶具或饮用方式，或是根据心情来选择不同的品种，这就是红茶特有的魅力。

所以尝试制作只属于自己的特别红茶，变得越来越受欢迎。而能够为大家实现这种愿望的，就是“红茶专卖店谢多布鲁”的定制茶。不光是香气，甜味、酸味及苦味的比例，甚至浸泡时的颜色或是包装等都可以定制。也就是说，这里能为顾客制作出世界上独一无二的原创红茶。关于定制茶的魅力，我们向红茶专家工藤将人先生进行了请教。

“红茶反映着人们的喜好，不同的人喜

“个性派”是这样完成的！

1 确定概念

首先，顾客需要说明使用的目的和意义，比如“想要在婚礼上作为小礼物赠送给宾客”等等，并给出预算，确定配方的方向性。因为根据要用到的茶叶和材料的种类、数量、包装、设计等方面的差异，价格也会有很大差别，所以需要进行详谈。

2 选择茶叶

根据自己喜欢的味道、香气和颜色，选出最为合适的茶叶。作为基底的茶叶有多达10个品种可供选择，而且还可以根据需要进一步追加新品种。就算顾客本人不熟悉红茶的品种，只要表达出“我喜欢清爽的味道”之类的话，店方也能很好地应对。

3 选择香气

可以添加花卉或是水果香气的调味品的种类也相当丰富，除了水果类、香草类、甜点类和香料类等常见类型外，甚至还有白兰地或是日本酒之类的酒类香料。因此大家应该都可以从中找出合乎自己心意的种类来。

4 选择香草或是香料

如果想要添加色彩或是点缀物，制作出更具个性的红茶，大家还可以选择香草、花瓣、水果干和果皮等添加进去。这类材料的种类也相当丰富。比如，婚礼上的红茶中如能加入玫瑰花瓣，看起来就会更加有气氛。

5 进行调配

运用选择出的材料来尝试制作配方和样品。然后根据顾客的试饮来反复进行微调，在顾客认为满意之后，再使用专用的机器来完成调配。因为顾客已经进行过试饮，所以成品应该可以得到他们的认可。

6 选择包装

这里可供选择的包装形式也不少，比如真空袋、罐子、盒子等等。而且还有礼品包装或是添加留言卡等附加服务。下单之后，顾客等待2～3周左右（根据材料的不同，也有可能要等1个月以上）就可以收到成品。

该店曾入围日本包装设计大赏！

谢多布鲁的红茶罐，曾经入围2007年日本包装设计大赏。为顾客的订单提供服务的，就是这样的优秀设计团队！

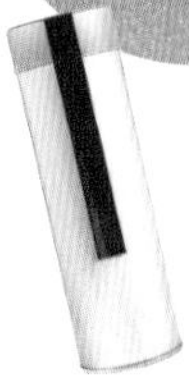

这些品质出众的佳作也值得瞩目

静冈本山产手工揉搓红茶——“极致”

由名茶师森内吉男先生，将从日本产地人工采摘下来的嫩叶，进行精心手工揉搓后制作出来的纯日本红茶。罐装30克4,410日元。

普利玛贝拉
Prima Bella

柑橘类水果的爽朗香气和玫瑰的甜美芳香恰到好处地交织在一起，非常适合用来营造优雅的氛围，或是作为礼物赠送给他人。罐装30克2,100日元。

格雷伯爵茶庄重
Earl Gray Majestic

在精挑细选的日本茶叶中，调配上紫罗兰的花瓣和意大利产的佛手柑油香气制成的红茶。罐装40克2,310日元。

招牌大吉岭
Darjeeling Speciality

“玛格丽特的希望”茶园限量生产的珍品。冲泡出的红茶有黄金般的美丽颜色，馥郁芳醇的香气、细腻的口感，这些都足以感动饮用者。罐装20克3,000日元。

欢的味道和香气也会有所不同。正因如此，我认为在想要表现自我风格的时候，定制茶是最佳的选择。”

除了自己的日常饮用外，还有不少人用定制茶来充当婚礼、纪念日或是家庭内部庆祝活动的礼物。

此外，定制茶是使用国内外的红茶爱好家、文艺人士、顶级厨师或是人气糕点师等认可的最佳品质的材料，配合着主题概念而制作出来的产品。因此，对于红茶爱好者来说，这算是一种极致的享受了。

“我们这里可供选择的范围相当广泛，从珍稀的茶叶到流行的品种应有尽有。因为调味品的种类就超过了100种，所以基本上不论顾客提出怎样的需求，我们都可以满足。”

当然了，就算顾客本人不具备多少红茶的知识也没有关系。因为店里会有专业的红茶调配师来提供咨询服务，所以大家不用担心会因为不知如何选择而头疼。总而言之，各位要不要也去发掘一款只属于自己的定制茶呢？

“红茶行家”推荐的最佳红茶

红茶行家

的推荐！

经营茶艺沙龙或是茶艺精品店，靠红茶来谋生的“红茶行家”们，到底认为什么样的红茶才是美味的呢？接下来，我们就请他们分别介绍自己所迷恋和收藏的最佳红茶。

美味的红茶
就在这里！

一生中邂逅的
最棒的红茶

红茶行家

01

林壮 TWG茶艺沙龙

拥有超过800种的茶叶

象征着红茶热潮的沙龙的实力

在流通路径的交叉点上
汇聚一堂的世界各国茶叶

新加坡的高级茶艺沙龙“TWG”（TWGtea），一直致力于把最高级的茶叶推广到世界各地。这是一家在历史悠久的红茶都市新加坡形成了话题性的茶艺沙龙，店中陈列着众多美丽的红茶罐，店面令人印象深刻。

“TWG茶艺沙龙”巧妙利用了新加坡位于东西方交汇点上的地理位置，从世界36个国家的专业茶园引进了多达800余种的茶叶和原材料，原创出了各种拥有水果、巧克力、焦糖香气，充满魅力的高品质调配茶。

此外，这里还会在不同的季节分别召开相应的展示会。那些洋溢着季节味道的红茶，相当适合用来当做礼物或是土特产。而且不光是红茶，这里加入了原创调配茶的甜点也制作考究，特别值得推荐的是在新加坡拥有最佳口碑的6种马卡龙。此外，大家还可以在这里的餐厅用餐，搭配着红茶，优雅地享用添加了调配茶的柔软牛柳。

店内装修沿袭了新加坡当地的奢华感，还装饰了新加坡制造的茶壶和茶杯等茶具用品。因为这里拥有高级餐厅般的氛围，顾客可以一面观赏世界各地的画作，一面享受红茶和优质的食物。

在柜台里面的柜子中，陈列着多达几百个的红茶罐。这些红茶罐都是从印度、摩洛哥和南非等地精挑细选出的产品，是这家茶艺沙龙中最精华的部分。

新加坡早餐茶

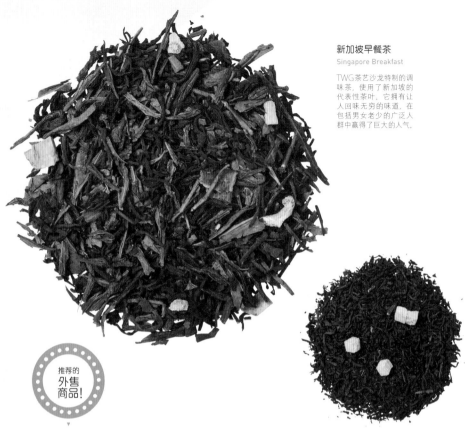

Singapore Breakfast

TWG茶艺沙龙特制的调味茶，使用了新加坡的代表性茶叶。它拥有让人回味无穷的味道，在包括男女老少的广泛人群中赢得了巨大的人气。

拿破仑

Napoleon

这款调味茶的制作灵感来自于法国的英雄拿破仑。香草油和焦糖的组合演绎出了绝妙的口感。

推荐的外售商品！

可以刺激五感的精炼茶叶是经过层层筛选的极致佳作

TWG茶艺沙龙自由之丘店的茶叶专家，从众多的收藏品中，为大家挑选出了以格雷伯爵茶为核心的，7种符合大众口味的调配茶。这其中也包括混合了亚洲各地珍稀香料的品种。当然，专家也挑选了拥有新加坡特有味道的茶叶。

玫瑰之浴

Bain de Rose Tea

在大吉岭的茶叶中，混合了法国格拉斯的玫瑰和拥有甜蜜香气的香料。它芳醇的香气可以让饮用者的身心得到放松。

鸡尾酒时间

Cocktail Hour

混合了芙蓉花和甘蔗的调味茶。比起热饮来，更加适合在夏季，以冰茶的方式来进行饮用。

阿方索

Alfonso

芒果干和其他水果干的组合，演绎出了清爽而又带有水果的香气与味道。这款调味茶也适合给儿童饮用。

法式格雷伯爵茶

French Earl Grey

在最佳品质的格雷伯爵茶中，混合进佛手柑油。它浓厚丰富的味道十分诱人。这是TWG茶艺沙龙引以为傲的最高级的调味茶。

情人节早餐茶

Valentine Breakfast

将棕榈糖和草莓相结合而调制出来的甜蜜的早餐茶。这种茶叶的特征是带有水果味的香气和浓郁的甘甜口感。

可以随心所欲地
享受最高级的味道

包装设计

最早出现于1837年，直到现在，新加坡的总店也在持续使用的传统红茶罐，设计风格简洁大方。此外，店里还单独贩卖不会伤害到里面茶叶的纯手工缝制茶包。

信息

TWG茶艺沙龙（自由之丘店）

东京都目黑区自由之丘1-9-8
☎：03-3718-1588
营业时间：11:00—21:00
休息日：无
http://www.twgtea.com/

想要推广被誉为
“茶中香槟”的
大吉岭红茶的
丰盈口感
红茶行家
02
津野祐哉
大吉岭

精选并收购在6大茶园中采摘下来的茶叶

大吉岭地区四周都被险峻的山峰包围，海拔也相当高，所以这里的昼夜温差非常大。而在这种特殊的环境条件下制作出来的红茶，被誉为“茶中香槟”，在世界各地的红茶爱好者中拥有极高的人气。而把“大吉岭红茶”这一世界公认的最佳红茶推广到日本来的，就是这家名为“大吉岭”（THE DARJEELING）的店铺。这里提供给大家的红茶，是从欧凯蒂（Okayt）、卡斯尔顿（Castleton）、洭缇（Goomtee）、玛格丽特的希望（Margret's Hope）、瑟利朋（Selimbong）、普塔邦（Puttabong）等6大茶园中采摘下来的应季精选茶叶。而茶叶美味的秘密，就在于两位品

THE DARJEELING

“大吉岭”店内的设施相当完备，有被包装得十分漂亮的茶叶陈列区，有洋溢着时尚感和高档感的茶叶贩卖区，还有可以让人同时品味店方引以为傲的大吉岭红茶与蛋糕等甜点的品茶区。在工作人员当面为顾客冲泡红茶时，那种轻轻钻入鼻中的薄荷香气，只要体验过一次就会难以忘怀。

茶师。其中一位是印度最高级别的品茶师，他品鉴供应全世界的各种印度的红茶，每个季度都会把精选出来的大吉岭红茶样品送到日本来。然后，日本“大吉岭”的品茶师（同时也兼任“红茶学院”的讲师）会对样品进行试饮，辨别样品是否适合日本的水质和日本人的口味。并且，因为这种采购方法并不通过中间商，价格方面也更加合理亲民。

“大吉岭”位于麻布十番车站4号出口的附近。这里使用红茶做成的的千层可丽饼和栗子蛋糕等甜点也广受好评。

能够让人体会到大吉岭魅力的6种优质茶叶

推荐的
外售
商品!

麻布十番店的店长充满自信地向我们推荐的红茶，就是各个茶园在大吉岭红茶的旺季采摘下来的春摘茶。不同的茶叶拥有不同的个性、味道和深度，如果大家对这些来自不同茶园的大吉岭红茶都进行一番饮用和比较，应该也能加入大吉岭行家的行列了。就让我们寻找出最适合自己的茶叶，好好享受快乐的“红茶生活”吧。

大吉岭玛格丽特的希望

Darjeeling Margaret's Hope

大吉岭红茶的精品茶叶在未经冲泡的状态下都能散发出强烈的香气，冲泡出的红茶闪烁着黄金般的美丽颜色。涩味很淡，口感相当柔和。

大吉岭普塔邦

Darjeeling Puttabong

普塔邦是位于大吉岭地区最北侧的茶园。茶叶整体上洋溢着水果味，仿佛麝香葡萄般的香气和轻淡涩味的搭配堪称绝妙。

大吉岭涯缇

Darjeeling Goomtee

拥有细腻的麝香葡萄香气和丰润甜味的正统派大吉岭红茶。这种茶叶的特征就是细腻而又馥郁的香味。

大吉岭瑟利朋

Darjeeling Selimbong

茶园在栽培茶叶时没有使用农药或化肥。茶叶拥有可以一点点地晕开的甘甜及温和的口感。当茶汤的温度冷却下来，甜味会更加明显。

色彩鲜艳而有趣的
茶叶罐也值得推荐！

包装设计

茶叶罐的包装相当时尚，6个茶园分别对应了6种不同的设计，用来送人的话应该可以赢得对方的欢心。据说有人为了集齐所有种类，每次都会购买不同的大吉岭茶叶。

大吉岭欧凯蒂

Darjeeling Okayti

欧凯蒂是历史最为悠久，技术也最为顶级的大吉岭茶园。这里出产的红茶拥有浓郁的香气，芬芳醇厚的味道让人回味无穷。

大吉岭卡斯尔顿

Darjeeling Castleton

茶叶散发着水果味的甜美香气，因为涩味较轻，所以喝起来也相当容易入口。清爽的味道和香气，让人在喝完后也可以享受到余味。

信息

大吉岭

东京都港区麻布十番2-1-8
☎：03-5419-7933
营业时间：8:00—23:00
休息日：无
http://www.the-darjeeling.com/

红茶行家

03

中野地 银色茶壶

在日本以外也人气爆发的红茶

完美契合软水质的超精选茶叶

使用耐热玻璃制作的量杯来冲泡红茶，因为容器是透明的，所以可以确认开水的用量多少和茶汤的颜色深浅变化。这样一来，就算是红茶方面的新手，也可以很快了解到冲泡美味红茶的方法。这种冲泡方法的关键点，就是要将接近100℃的开水一口气注入茶壶中，促成茶叶的沉浮现象。大家要不要去拜访展示室，进行请教呢？

在展示室也可以进行品饮

拥有展示室的居家式红茶教室“银色茶壶”(Silver Pot)，位于环境幽静的大家住宅街上。这里的授课内容，不仅局限于红茶的冲泡方法，还包括了深度挖掘红茶的相关历史与茶叶性质等。因为这些知识充分调动了大家的好奇心，所以这家教室在学员中拥有极佳的口碑。

这里使用的茶叶，都是从印度或是斯里兰卡采购来的上等茶叶。但店长认为，就算某种茶叶在当地拥有良好的口碑，到了日本也不一定能得到同样的评价。因此，为了给日本的红茶爱好者持续提供最佳的茶叶，店长还会对采购来的茶叶进行精挑细选，确保它们能适合日本的水质。“银色茶壶”现在还在最大的网上购物中心开设了店铺进行贩卖。据说最近来自海外的订单也在不断增加，这也侧面证明了店长的品味是世界级的。这里的展示室还会举办品饮的活动，如果想要亲自品尝过实物后再决定是否购买，那么最好的方法就是先直接到访银色茶壶的展示室。大家可以在那里体验到全新的红茶世界。

直接从原产地进口的样品，是封在袋子里运送过来的。店长会用日本的水对这些茶叶进行品饮。

运用女性特有的鉴赏力
细心挑选出最佳的印度产茶叶

推荐的
外售
商品!

红茶教室的老板兼讲师中野地女士这次为我们挑选了6款茶叶。其中既有正统派的茶叶，也有比较少见的衍生品种，应该可以让不同的红茶爱好者都从中获得享受。就算同样都是大吉岭红茶，在进行了饮用和对比后，大家应该也会发出“居然可以有如此大的差别”的感叹。而且同一款茶的二泡茶和头泡茶味道和口感也会有所不同，二泡茶能让人享受到更加柔和的口感。

印度之心

Heart of India

浓厚高雅的口感，非常适合喜欢带有香料的特色红茶的人。因为加入了生姜，还可以温暖身体，对于抑制寒症能起到一定的作用。

焦糖恰依茶

Caramel Chai

拥有甜蜜浓醇味道的恰依茶。这款调配茶使用了CTC制的阿萨姆为基底，CTC即压碎（Crush）、撕裂（Tear）、揉卷（Crul）这3个英文单词的缩写，指红茶制作成碎红茶的过程，或指代最终制成的碎红茶。这款茶因此博得了不同年龄层受众的喜爱。而且它也很适合用来当做赠送给他人的礼物。

逐渐获得日本之外
其他国家客户关注，
值得品饮的红茶就是这些！

包装设计

在印刷了“银色茶壶”（Sliver Pot）字样的银色外包装上，还粘贴了分别象征着茶叶不同味道和香气的标签。为了避免茶叶的香气流失，装入了茶叶的袋子都进行了彻底的密封。

锡兰汀布拉

Ceylon Dimbla

口感清爽，味道不是很浓郁，所以无论采用清饮法还是制作成奶茶都非常美味。而且这种锡兰茶适合搭配的甜点也丰富多样。

大吉岭辛布里茶园

Darjeeling Singbuli

这款红茶所选用的茶叶，在辛布里茶园中也算得上高级茶叶。带有果香味和通透感的味道相当吸引人。

尼尔吉里格伦代尔茶园

Nilgiri Glendale

以玫瑰般的甘甜香气为主要特征的尼尔吉里茶。为了追求品质，茶园在收获时会用茶叶筛分机仔细地拣选出不同的品种。

大吉岭瑟利朋茶园

Darjeeling Selimbong

瑟利朋的茶叶全部是从树龄长的传统茶树上采摘下来的。拥有芬芳的桃系麝香葡萄的味道。因为它的涩味也比较淡，喝起来容易入口。

信息

银色茶壶

东京都文京区大冢6-22-23
☎：03-5940-0118
营业时间：10:00—17:00
休息日：展示室、教室仅在每周四开放
http://www.rakuten.co.jp/silverpot/

红茶行家

04

山田女士

利福乐大吉岭茶屋

和生产者的邂逅所孕育出的正宗味道

洋溢着个性的最好的大吉岭

不同的茶叶不光被注明了名称，还附有卡片，上面记录着特征和店家推荐的冲泡方式（适合的水量、水温、浸泡时间）等信息。大家可以以此为依据，寻找适合自己口味的茶叶。顺便说一句，就算是在同一茶园中采摘下来的茶叶，根据采摘时期或是区域的不同，味道和汤色也会有很大的差异。大家可以轻松地进行试饮和比较。

这里经营的所有茶叶、茶园都具有故事性

对于身为“利福乐”茶屋（Leafull Darjeeling House）法人的山田女士来说，让她印象最深刻的红茶，竟是在20年前她第一次拜访尼泊尔的时候，在山间的茶园喝到的那杯红茶。她回忆说：“虽然这么说可能让人觉得夸张，但在我的印象中，那杯红茶的香气仿佛融入了黄金色的茶汤中，喝完之后，感觉就像是自己的身体也能释放出光芒一样。”当时前往尼泊尔旅行，意味着要面临很大的风险。正是因为在经历了种种的艰辛后才邂逅了那杯红茶，所以才格外感动吧。虽然山田女士表示，在自己进入红茶世界后的20多年中，能够邂逅到那么多的优良茶叶和茶园主都是因为“缘分”。但换个角度来说，也许正是被山田女士对于红茶的热情打动了，神明才为她送上了这些缘分作为礼物。

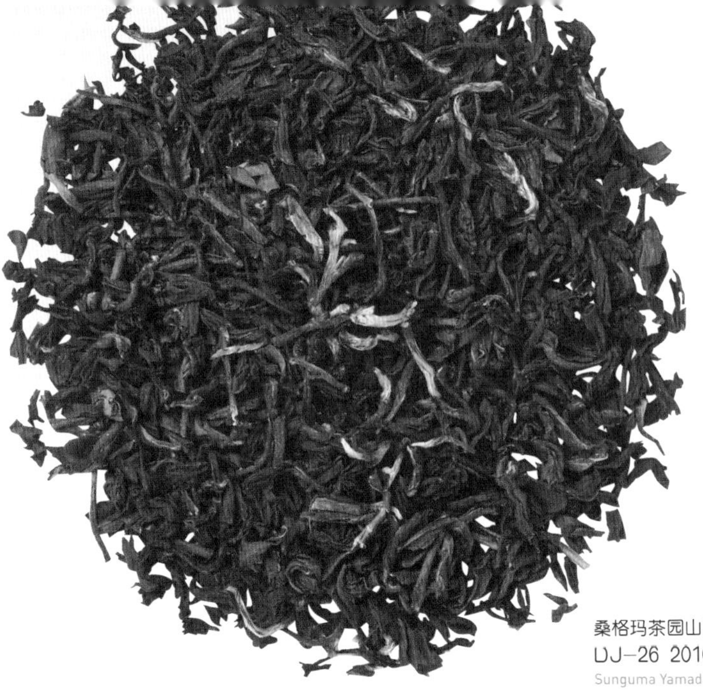

桑格玛茶园山田巴里
DJ–26 2010夏摘茶
Sunguma Yamada Bari DJ-26

大吉岭西部的桑格玛茶园栽培出的茶叶。茶园角落中由山田女士亲自种植出来的"山田巴里"（Yamada Bari），是只有在利福乐大吉岭茶屋才能购买到的茶叶。

红茶可以说是红茶行家本人的投影。可以让人品尝到喜悦的茶叶连一流的厨师都会信赖。

从陈列在店铺中的最佳品质的红茶中，山田女士选择了在尼泊尔的茶园不同时期采摘的3种大吉岭红茶。有高品质的香格里拉红茶、1种阿萨、1种乌瓦。下面就让我们来看一下，从业20余年，亲自拜访过众多茶园，观察过无数红茶的山田女士，凭借经验所选择出来的终极红茶吧。

推荐的外售商品！

乌瓦夏乌兰兹茶园
Uva Shawlands

没有任何杂味，给人感觉特别纯净的最佳品质的乌瓦。它能够让人体验到相当特别的香气。这是曾经赢得过最佳茶叶大奖的珍品红茶。

阿萨姆阿姆古力
2010夏摘茶
Assam Amgoorie

在印度最大的红茶产地阿萨姆栽培出来的茶叶。仿佛融入了果实般的醇厚的丹宁酸味道，让茶叶给人的感觉相当浓郁。

香格里拉柯蓝塞秋摘茶

Shangrilla Guranse Autumnal

出自因“永远把高品质摆在第一位”的态度而在业界也赢得了很多瞩目的茶园。类似于铃兰的清纯香气，与温厚柔和的味道，使它给人的感觉很有意境。

玛格丽特的希望茶园 DJ—205 2010夏摘茶

Marganet's Hope DJ-205

特征在于颜色淡雅，并具备透明感的茶汤颜色，以及水润清新的风味。因为高品质茶叶的持续产出，这家茶园近年来获得了不少的瞩目。

吉达帕赫DJ—1 特制中国风2010春摘茶

Giddapahar DJ-1 China Special

在位于海拔1,500米地带的“吉达帕赫茶园”的春摘茶中，这款茶叶也是最早被采摘下来的“头茬茶”。它清新而又很有存在感的香气别有一番滋味。

大吉岭特有的细腻味道！

包装设计

利福乐的原创茶叶罐（照片中为容量50克的）的设计比较简洁，素净大方的深绿色很有美感。而且深绿色不仅看起来时尚，还能起到充分遮光、防止茶叶变质的作用。

信息

利福乐大吉岭茶屋

东京都中央区银座5-9-17
吾妻大厦1层
☎：03-6423-1851
营业时间：
11:00—20:00
休息日：无
http://www.leafull.co.jp/

红茶行家

05

镰田玲 罗列兹红茶店

可以感受到正宗英国风红茶的店铺

享受高级红茶的茶文化

1层是店铺，那里摆放着一列列不同种类的红茶，外包装的颜色非常丰富多彩。

对客人的体贴表现在了对于细节的精心处理上

在美丽的室内装饰的包围下，招待亲密的友人，用合乎心意的茶具来享受优雅的下午茶时光。“罗列兹红茶店”（LAWLEYS TEA）传达出来的，就是这种英国风的“享受红茶的文化”。老板镰田玲女士同时也是位相当活跃的茶道名人，她会定期召开茶会，向茶会参与者传授在每天的生活中享受下午茶时光的方法。她用原创的玫瑰图案茶具所冲泡出的红茶全都堪称杰作，而在这其中最出众的，就要数阿萨姆的皇家奶茶了。以英国的传统配方为基础，由糕点师亲手制作出来的甜点，也进一步烘托了红茶的味道。如果已经对红茶的正式享用方式有一定了解，又想要更进一步体会红茶的深度，就请尝试拜访一下罗列兹红茶店吧。在这里，你可以邂逅到陌生而又美味的红茶。

能够带来英国风那种优雅而又甜美的下午茶时光的茶具。这套每件单品上都绘制了英国人最喜欢的“英格兰玫瑰”的茶具，可以让招待客人的下午茶时光变得更加华丽。茶壶、茶杯和沙漏等器具也很有人气。

罗列兹红茶店位于距离JR惠比寿车站步行5分钟的地方。在驹泽大道和明治大道的交叉口处，我们可以看到它让人联想到19世纪80年代英国电影场景的店面。店内的架子上摆放着各种各样的红茶罐。

品茶师对茶叶的精挑细选是调配红茶的精髓

品茶师运用自己的技术，将从原产地直接进口的茶叶，制作成香气浓郁、味道醇厚的红茶。这里收集了各种适合制作英国红茶的茶叶，从大吉岭、阿萨姆等基本款，到反复调配完成的调味茶，可以说应有尽有。在女性红茶爱好者中赢得了广泛的人气。

推荐的外售商品！

皇家大吉岭

Darjeeling Royal

"世界三大茗茶"之一，特征是清爽高贵的香气和细腻的味道。采用清饮法的话口感极佳，可以让人享受到极致的味觉体验。

皇家调配茶

Royal Blend

柔和的香气与浓烈的味道完美地融合为一体的原创调配茶。想要享用与众不同的华丽奶茶的人，可以尝试一下这款皇家调配茶。

爱

Loving

拥有桃子与花卉的醇厚香气，人气排名第一的调味茶。浓郁的香气和清润的味道，让它非常适合用清饮法来品尝。

甜蜜早晨

Sweet Morning

拥有仿佛清晨阳光般的爽朗感的茶叶。在加入柑橘类水果和蜂蜜后，就具备了芬芳而甜美的香气。

罗列兹红茶店所售茶叶的外包装是藏蓝色的，上面贴着特制的标签。除此以外，这里的红茶罐或是饼干罐上也绘制了漂亮的图案，看起来非常赏心悦目。如果要把红茶赠送给他人的话，有的罐子上还可以添加姓名。

包装设计

想要进一步了解散发着传统气息的英国红茶！

巧克力

Chocolate

甜蜜而又绵软的巧克力调味茶。顾客还可以和自己的孩子一起品味添加了砂糖和牛奶的巧克力奶茶。

黄金阿萨姆

Assam Golden

拥有柔和的甘甜味，可以让人充分感受到阿萨姆红茶的特殊味道。因为口感浓郁而丰富，所以适合在经过充分的焖泡后，制作成浓稠的奶茶。

信息

罗列兹红茶店

东京都涉谷区广尾1-15-16
☎ 03-3443-4154
营业时间：11:00—19:00
休息日：周日、法定节假日
http://www.st-plan.co.jp/

红茶行家

06

世田谷 茶屋泰泰

品味四季变化的味道

可以享受到正统派茶叶的临街红茶屋

店内摆放着各种木制家具，让人联想到童话中的森林小屋。陈列在柜中的茶叶散发出的淡淡香气也让人心情愉快。

在正对樱新町车站出口的大道上步行5分钟左右，就可以看到茶屋泰泰标志性的橙色屋檐。店内摆放着茶具和各种与红茶有关的时尚产品。

可以融入日常生活的居家式的店面设计

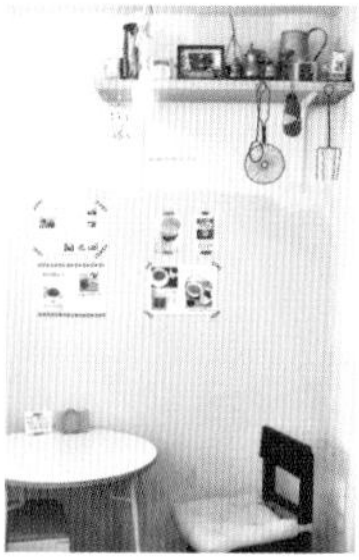

世田谷女士在樱新町开设了一家深受主妇们欢迎的临街红茶店“茶屋泰泰”（Cha-Ya Té Thé）。在以原木为基调的居家式氛围的店内，有一块面积不大的品茶空间，顾客可以在这里度过悠闲的时光。这里的工作人员同时也是日本红茶协会的讲师，他们所冲泡的红茶，充分发挥出了茶叶本身的优点，且没有多少涩味，所以牢牢地抓住了常客们的心。此外，从超过80种的茶叶中，寻找出合乎自己心意的味道，也别有一番乐趣。店内不仅有茶叶，还摆放了和红茶有关的其他产品，以及顾客们希望店长帮忙展示的手工艺品。也就是说，店内的空间充分贯彻了“融入日常生活，轻松享受红茶”这一理念。

茶屋泰泰的店内装饰，就连细节的部分都显得十分高雅，比如放置在柜子中的古董风格的红茶器具。工作人员力推的大吉岭月光红茶，相当适合搭配蛋糕来一起品味。

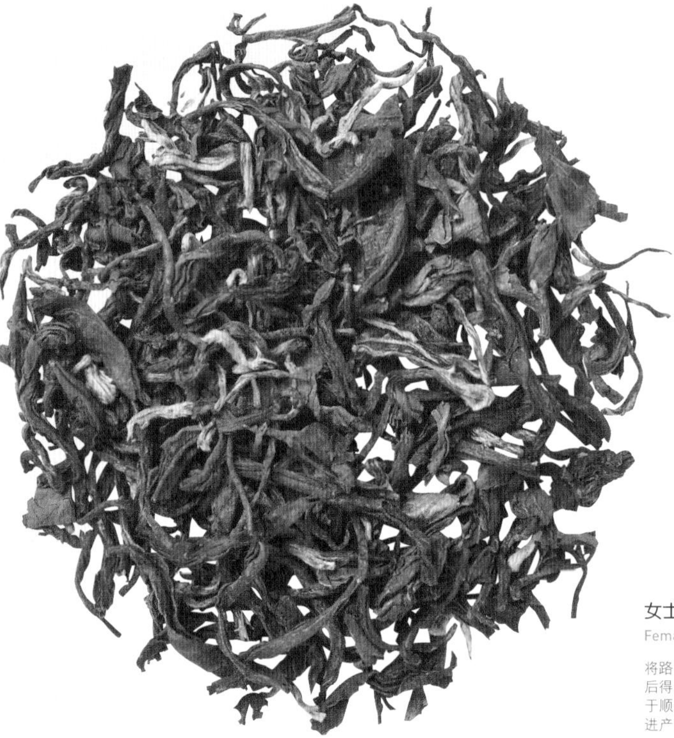

大吉岭月光夏摘茶

Darjeeling Second Flush Moonlight

2010年阿里亚茶园的大吉岭夏摘茶。因为味道仿佛月光一样温和优雅，因此被命名为“月光红茶”。其香气的余韵也相当值得享受。

樱新町红茶

Sakurashinmachi Tea

品茶师参考樱新町给人的感觉调配出的红茶。草莓、苹果和葡萄干的水果味，与蜂蜜的香甜很好地融为一体。

女士茶

Female Tea

将路易波士茶和无农药香草混合后得到的产物。因为使用了有助于顺产的覆盆子，据说还可以促进产妇的乳汁分泌。

从包括印度和中国等地的亚洲原产国精选出来的茶叶

这里不光集齐了“世界三大茗茶”，也就是印度的大吉岭，斯里兰卡的乌瓦和中国的祁门红茶，而且还分别从韩国、日本和越南等地采购了优质的茶叶。此外，这里还配合的四季变化分别提供应季的美味茶叶，在顺应季节变化上花费了大量的心血。这里的调味茶和原创调配茶的种类相当丰富，每年都会准备100多种的茶叶。

推荐的外售商品！

皇家调配奶茶

Royal Milk Tea Blend

适合制作奶茶的味道浓醇的红茶。建议大家加入大量的牛奶制成醇厚的奶茶，或是用牛奶来进行熬煮制成恰依茶。

阿萨姆特别栽培茶

Assam Special

在印度的阿萨姆州已经成为基本款的红茶。它的特征是甘甜的香气和柔和的口感，在女性中尤其具有人气。采用清饮法或是制作成奶茶都很合适。

马萨拉茶

Chai Masala

将阿萨姆的茶叶和丁香、肉桂等几种香料混合而成。是可以轻松享用的极具人气的原创调配茶。

包装设计

（右图）粘贴着茶屋泰泰的特制贴纸的银色小罐。

（左图）描绘着树木图案的黄色大罐。密封度极高的内盖，可以很好地保存茶叶。就算是在茶叶用完后，这样的罐子也让人想要继续保留下来。

对于女性需求的把握造就了颇具人气的红茶！

信息

茶屋泰泰

东京都世田谷区新町2-22-15 1层
☎ 03-5426-8653
营业时间：10:00—20:00
休息日：周一
http://www.te-the.net/index.html

珍惜此生中难得的邂逅

想要传递最新采摘的茶叶的鲜嫩感

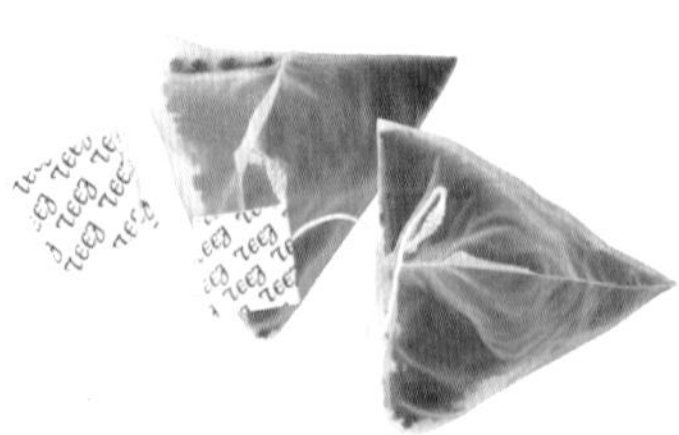

包括清饮茶和调配茶在内的种类丰富的茶包，采用的是便于浸泡出茶叶精华的尼龙三角包。

第一次体验到大吉岭的独特风格时便受到了深深的震撼

1985年，红茶专营店“茶珠”（TEEJ）开业。它的目标，就是把大众心目中打上了“英国饮料”标记的红茶，从产地直接传输到消费者的手中。虽然茶珠红茶店每年都会按照春摘茶、夏摘茶和秋摘茶的顺序，将限定了茶园产地的大吉岭和阿萨姆茶叶分3次在店前销售。但据说这里并不是每年都从同一家茶园进货的。也就是说，今年喝到的很合乎心意的茶叶，来年不一定还能在这里买到。这是因为担任茶珠红茶店法人的森女士，会多次亲自前往产地，而且只购买她觉得最为美味的茶叶。“红茶和大米一样，也是农作物。”身为工作人员的高木女士如此表示。在成为正式员工之前，高木女士就已经觉得茶珠红茶店的红茶是最美味的了。“红茶的味道会因为季节而变化，就算是同一家茶园的产物，每年的味道也会有所不同。它们各有各的优点和个性。”能够遇到让人觉得“就是这个味道！”的红茶，对很多人来说都是缘分难得的事情。所以不少人每当店前摆放上新茶叶时，就会产生前去品鉴的冲动。

据说，高木女士就是因为迷上了“茶珠”的茶叶才来这里工作的。“茶珠”在室内设计中采用了大量的玻璃，店铺整体充满了时尚的颜色，因此不少进门的顾客都错把这里当成了小百货店。店内的面积并不大，但是店员面对每位顾客时都表现得温和周到，让人感觉十分舒服。除了茶叶，这里还贩卖带有“茶珠”标识的茶壶和茶杯。

推荐的
外售
商品!

能够伴随着季节变化品尝到最新采摘下来的茶叶，是非常吸引人的事情

“茶珠”的历史，是从担任法人的森女士邂逅印度大吉岭红茶开始的。高木女士表示，自己也是在这里第一次品尝到了刚刚采摘下的红茶，因为那种鲜嫩清新的口感而受到了震撼。她向我们推荐的，就是会随着季节更替而变化的大吉岭和阿萨姆。这两种茶叶还可以和根据原创配方制作的调配茶组合起来，一起作为礼物赠送给他人。

尼尔吉里

Nilgiri

尼尔吉里如果直接翻译的话，就是“青山”的意思。尼尔吉里茶是在南印度的丘陵地带被栽培出来的，味道接近于锡兰茶叶，特点并不是很明显。

想要一直保留下去的
设计简洁的茶叶罐

包装设计

这家店铺使用的是造型简洁的立方体状茶叶罐。照片中的是阿萨姆和大吉岭的茶叶罐。此外，乌瓦的茶叶罐是黄色的，尼尔吉里的则是淡蓝色的。也就是说，茶叶罐和标签的颜色，会根据内装茶叶的品种和调味方式的不同而搭配不同颜色。

瑟利朋茶DJ47
2010夏摘茶

Selimbong DJ47

这款茶叶的特征是醇厚的味道，以及清冽的涩味。它也是在大吉岭的2010年夏摘茶中，高木女士最为中意的一款茶叶。

多玛拉茶园C－460
2010夏摘茶

Duamara C-460

多玛拉茶园的土地，拥有在阿萨姆地区最肥沃的土壤。因此，这里产出的茶叶既具备了阿萨姆红茶惯有的浓烈感，又拥有别具一格的仿佛浆果般的甘甜香气。

乌瓦（圣詹姆斯茶园）

Uva Saint James

这一品种使用的手工采摘的茶叶，是在位于锡兰高地上的圣詹姆斯茶园中栽培出来的。它的茶汤颜色是深红色，香气比较强烈，带有一定的涩味。

信息

茶珠

东京都大田区田园调布2-21-17
☎ 03-3721-8803
营业时间：10:00—18:00
休息日：周日、法定节假日
http://www.teej.co.jp/

红茶行家

08

清水先生 青山茶工坊

锡兰茶专营店

在斯里兰卡邂逅极致的锡兰茶

专注于锡兰茶，受到大众喜爱的红茶店

在青山茶工坊（AOYAMA TEA FACTORY）店长的心目中，红茶不是高档昂贵的饮品，而是可以面向大众、进入百姓生活中的饮料。因此他在开店时，就决定专门经营在世界各地都受到广泛欢迎的锡兰茶。在茶叶方面，店长亲自前往斯里兰卡的制茶工厂，精挑细选出各种优质的素材。从“世界三大茗茶”中的乌瓦，到汀布拉、努沃勒埃利耶、康提、卢哈纳等，茶园和采摘时期各异的锡兰茶都可以在这里享用到。此外，店内使用了正宗水果果肉或是香料的调配茶也非常值得推荐。

据说在这家带有怀旧感的茶工坊中出入的顾客，绝大多数都是回头客。他们和店长及工作人员的交流也相当热络，店内整体洋溢着居家式的氛围。当然了，就算是初次到访的顾客，也能得到店长的热情招待，所以大家可以抱着轻松的心态前去饮用红茶。

店铺的标志就是右侧照片中挂在柱子上的四方形招牌。柜子里面摆放着茶叶和各种茶具，茶叶的外包装是由工作人员亲自设计的。

推荐的
外售
商品!

专注于锡兰茶的店长所精选出来的5个极致的品种

由店长选择出来的5个品种，分别是在斯里兰卡中央山岳地带东侧海拔1,000~1,700米的地带栽培出来的两种乌瓦，在海拔2,000米的狭长山谷中培育出来的一种努沃勒埃利耶，在中央山岳地带西侧广阔平缓的斜坡上栽培出来的一种汀布拉，以及在位于中央山岳地带培育出来的一种古都康提。

康提海鲁波达 BOP

Kandy Helboda BOP

带有少许涩味，且拥有甘甜的香气和清爽口感的红茶，比较符合大众的口味。因为丹宁酸比较少，所以适合用来制作冰茶或是水果茶。

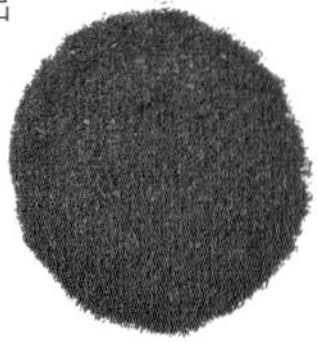

乌瓦艾斯勒比 BOPF

Uva Aislaby BOPF

它的特征在于2010年的极品红茶所特有的薄荷型清爽香气，以及清冽的涩味。

汀布拉大西部 P

Dimbla Great Western P

这种锡兰茶拥有仿佛柠檬皮一般的清爽香气。味道比较轻淡，易于饮用，所以很容易受到大众的喜爱。

努沃勒埃利耶佩德罗 OP

Nuwara Elliya Pedro OP

因其清爽的口感，令人爽快的芳香，恰到好处的苦味和带有少许的甜度，被称为“红茶中的香槟”。

乌瓦班德拉埃利耶

Uva Bandara Eliya

和艾斯勒比相比，这款乌瓦茶没有什么明显的特点，比较符合大众的口味。不仅可以采用清饮法，由于味道浓厚，也适合制作成奶茶。

信息

青山茶工坊

东京都港区南青山2-12-15
南青山2丁目大厦地下1层
☎ 03-3408-8939
营业时间：周一—周五，10:00—21:30，周六，11:00—19:00，周日、法定节假日：11:00—18:00
休息日：年末年初、茶叶采购时期（官方网站中有详细说明）
http://a-teafactory.com/

红茶行家

09

平先生 荷兰屋

只为追求红茶的美味

匠人气质所孕育出的琥珀色的诱惑

推荐的外售商品!

卢哈纳

Ruhuna

拥有浓郁甘甜的香气，口感柔和清爽的红茶。制作成奶茶时，可以多加入一些茶叶。

乌瓦

Uva

因为产地白天和夜晚的温差而形成的雾气，让乌瓦红茶具备了玫瑰或铃兰的芳香。而店长所选择出来的茶叶，同时具备了高品质与合理价格这两个优势。

对香气和味道十分讲究，按照实际分量零售产地直销红茶

荷兰屋（Oranda）的产品以印度和斯里兰卡的红茶为主，销售的基本上是从产地直接输送过来的茶叶。因为店长非常重视红茶本身的香气，所以这里经营的调味茶只有格雷伯爵茶。在店长平先生的心目中，红茶是一天可以喝上好几杯的日常饮料，所以他为大家推荐的茶叶是以下这6个品种。

只经营拥有红茶原有香气的红茶

店内的面积不大，到处都是烘焙咖啡的器材，以及一排排装满了咖啡豆的大瓶子。说到经营红茶和咖啡的店铺，大家通常会联想到咖啡店那种时尚精致的场所，但是荷兰屋红茶店却并非如此。据说，店长以前在府中地区开过咖啡馆，但因为他彻底贯彻了“咖啡和红茶不是商品而是饮料”的原则，所以现在的荷兰屋明显省略掉了时尚的外包装及店内的装饰。为了避免茶叶变质，荷兰屋只有在接到订单后，才会对红茶进行重新包装。大家可以品尝一下这里由匠人采购来的绝品红茶。

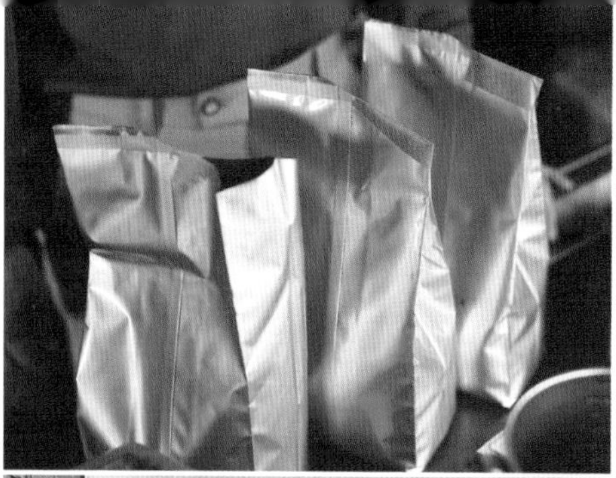

因为没有任何装饰物，店内乍看起来有点冷冰冰的感觉。但是这种仿佛匠人住所般的风格，看起来也别有一种味道，应该能够打动男性顾客的心。这家店会将红茶原封不动地留在采购时的袋子里面，据说这是隔绝空气、保存红茶的最佳方法。

阿萨姆
Assam

对于没有混合其他茶叶的纯度百分百的阿萨姆，很多店铺都是以清饮的方式去销售的。因为它的味道很浓郁，所以也适合制作成奶茶来品尝。

尼尔吉里
Nilgiri

尼尔吉里拥有清爽的味道。很多历史悠久的茶馆都喜欢使用这种茶叶。并且，尼尔吉里茶美丽的茶汤颜色，在红茶中也算是相当稀有的。

肯尼亚
Kenya

在非洲特有的红土上，经赤道地带的强烈日晒培育出来的红茶，拥有浓郁而美味的口感。因为是CTC处理，所以1分钟就可以释放出诱人的香味。

格雷伯爵茶
Earl Grey

使用了天然香料的调味茶。柑橘类水果的清爽香气和令人爽快的味道都十分诱人。

信息

荷兰屋

东京都町田市中町2-11-16
☎：0427-23-5743
营业时间：9:00—17:00
休息日：不定期
http://www.orandaya.sakura.ne.jp/index.htm

不管是红茶方面的新人还是资深的粉丝，在这里都会受到欢迎

店长水野先生曾经创立名为“茶歇时光”（Chai Break）的品牌，从事进口红茶的批发和零售活动。

“茶歇时光”的店铺位于井之头公园附近，店内有一定的纵深感，洋溢着舒适悠闲的氛围。除了美味的红茶，店里根据季节变化制作的甜点也相当值得品尝。顺便说一句，店主水野先生在早餐吃米饭时，都会饮用红茶。

红茶行家

10

水野先生　茶歇时光

想要找到好的茶叶，必须踏上旅途

亲自走遍各国茶园寻找到的优质茶叶

而“茶歇时光”店铺的开设，源自于他“想要构建一个能够轻松品味红茶的场所”的愿望。“虽然红茶给人的感觉好像比较循规蹈矩，但我希望它能变得更加日常化。”水野先生如此表示。茶歇时光红茶店经营的都是应季购入的品质最佳的茶叶。与此同时，也没有什么勉强顾客遵守的硬性规定。水野先生最大的愿望，就是让这家店铺成为顾客们在产生“想要喝杯美味的红茶”或是“想要放松休息一下”的念头时，可以毫无心理负担地轻松进入的店铺。

阿萨姆
杜夫拉丁茶园
'10夏摘茶
Assam Duflating

虽然水野先生的愿望是为大家提供美味而又价格合理的茶叶，但是这款茶叶，却是让他不惜背离信念也要购入的质量上佳的极品。

卢哈纳蓝毗尼茶园
FBOPFEXSP
'10顶级茶
RUHUNA Lumbini FBOPFEXSP

在斯里兰卡的茶叶交易中，价格最为昂贵的就是蓝毗尼茶园的FBOPF特制极品茶。其茶叶中包含了充足的芯芽，涩味很轻，味道比较浓郁。

推荐的
外售
商品!

大吉岭
图尔祖茶园
'10夏摘茶
Darjeelin Turzum

限定在桑格玛茶园中的“图尔祖”区域采摘下来的2010年的大吉岭夏摘茶。拥有类似于香草般的清爽味道。

乌瓦
高原茶园BOP
'10顶级茶
Uva Highlands BOP

相当有名的乌瓦高原茶园出产顶级乌瓦茶。个性化的强烈薄荷风味，与轻盈的口感之间的比例搭配堪称绝妙。

邂逅到满意的茶叶之时，就如同品尝到了“人生最佳的红茶”

水野先生每年都会亲自前往产地，居住在茶园中，步行寻找自己中意的茶叶。“每当邂逅到觉得‘就是这个！’的茶叶，我都能体验到感动。那也许就是，品味到人生中最佳红茶的感觉吧。”一想到水野先生能够不止一次地体验“最佳的感觉”，就让人不禁有些羡慕。

信息

茶歇时光

东京都武藏野市御殿山1-3-2
☎：0422-79-9071
营业时间：11:00—20:00
休息日：周二

川宁茶

迪尔玛

嘉纳滋

艾迪亚尔

极致! 有时也想要享用极尽奢华的红茶

品牌红茶大图鉴

在历史悠久、底蕴深厚的红茶世界中，如果把新老品牌都包含在内的话，红茶品牌的数量相当多。在这里，我们列举的是希望大家务必记住的品牌。大家可以在品饮后，比较一下它们的不同。

汉普斯顿有机茶

A.C. 帕克斯

梅尔罗斯

缇喀纳

茶中精品

哈洛德

伯努瓦

福特纳姆和玛森

马瑞格佛芮勒斯

鲁·帕莱代特

馥颂

亚曼茶

达洛优

韦奇伍德

黛玛茶

布里奇斯夫人

立顿

东印度公司

日东红茶

优质大吉岭
Darjeeling

对大吉岭地区栽培出来的茶叶进行严格挑选后，单独进行调配的红茶。这款经典产品的最大特征，就是被形容为“茶中香槟”的丰厚香气，以及若有若无的细腻的涩味。100克998日元。

01
茶叶品牌

TWININGS

川宁茶

始祖“格雷伯爵茶”的配方就在这里

1706年，托马斯·川宁在伦敦创立了“川宁茶”的品牌。在那之后的300多年中，川宁茶一直作为先驱者，引导和促进着红茶文化的发展。

肖像画家荷加斯所描绘的创始人托马斯·川宁。现在的当家人是他的第十代孙斯蒂文·川宁。

在超过300年的时间内一直持续引领着红茶界的风向

说到川宁公司（TWININGS）的话，不能不提的就是“格雷伯爵茶”这一品牌茶叶的诞生。虽然这个品牌的来历有多种说法，但一般来说，大家还是认为它源自在19世纪担任英国首相的格雷伯爵。当时的川宁公司会根据顾客的要求而调配茶叶。格雷伯爵当时迷上了中国派遣的使节团赠送的武夷山红茶，为了获得这个味道的红茶而拜访了川宁公司。但是，当时那种茶叶很难弄到，所以川宁公司在经过反复的试验后，用佛手柑油给中国红茶添加香气并献给了格雷伯爵。这就是格雷伯爵茶的起源。

在川宁公司研究出来的这个配方里，隐藏着其他公司无法模仿的技术。它跨越了170年的时光，一直被沿用至今。

1837年，维多利亚女王颁发了“皇室委任书”，将川宁茶指定为皇室御用茶，在那之后，川宁茶进一步创制出了众多品种丰富的原创产品。

详询：片冈物产客户咨询室 ☎：0120-941-440 http://www.twinings-tea.jp/

格雷伯爵茶

Earl Grey

这是非常热爱红茶的格雷伯爵，唯一容许冠上自己名号的始祖格雷伯爵茶。拥有高贵的口感。100克840日元。

威尔士王子茶

Prince Of Wales

这款调配茶的特征是优雅的烟熏般的香气，以及精致温和的味道。100克945日元。

优质锡兰茶

Qualtty Ceylon

这是从普通的锡兰茶叶中，精挑细选出的品质特别优良的锡兰茶。因为醇厚的香气和清爽的口感而拥有广泛的人气。100克998日元。

优质爱尔兰早茶

Irish Breakfast

味道浓厚而又有持续性的调配茶。如同它的名称那样，这款调配茶在气候寒冷的爱尔兰极受欢迎。

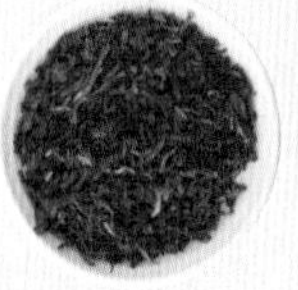

优质古典大吉岭

Vintage Darjeeling

在大吉岭红茶中，这是特别看重采摘时期和茶园的一款茶，只使用手工采摘的茶叶。其香气和味道都很出众。100克1,155日元。

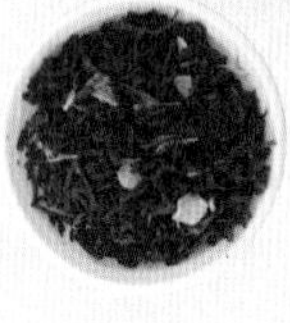

伯爵夫人茶

Lady Grey

这款茶在格雷伯爵茶中添加了柑橘和柠檬的果皮，以及矢车菊的花朵，营造出丰厚的香气。自从上市之后，就一直维持着极高的人气。100克840日元。

蓝瓦特
Ran Watte

这一品种使用的茶叶，都是从斯里兰卡海拔最高的产区努沃勒埃利耶采摘的。其茶汤颜色比较淡，拥有兰花般清新而又细腻的香气，以及爽朗的余味。出人意料的是，它也非常适合搭配日本料理。125克1,680日元。

02
茶叶品牌

Dilmah

迪尔玛

将新鲜的斯里兰卡茶叶直接从茶园运送过来

这个品牌的名称源于创始人的2个儿子迪尔汗和玛里克。其中也包含了创始人“像爱自己的儿子那样去爱护与培育品牌”的愿望。

（左图）被美丽的大自然环抱的茶园。（右图）创始人梅林·J·费尔南多先生同时也是一位出色的品茶师。

之所以会在红茶领域赌上半生的心血，是出于对祖国的热爱

为了传达出锡兰红茶特有的丰厚香气和美好味道，“迪尔玛”（Dilmah）一直坚持采用掌控全产业链、产地直接输送的生产模式。迪尔玛的茶叶产地仅限于斯里兰卡国内，不会在调配时加入任何其他国家生产的茶叶。

迪尔玛品牌的创始人梅林·J·费尔南多是在锡兰西海岸的一个渔村中出生长大的。他同时也是锡兰本土红茶从业者中的第一位品茶师。在从事红茶出口业务获得成功后，他的梦想就是在不经由第三国的状态下，直接把锡兰出产的新鲜茶叶，输送到全世界的消费者的手中。然后，再将由此而获得的利润反馈到在茶园工作的劳动者们身上，使他们拥有更好的生活。为了实现自己的梦想，他足足花费了20多年的时间。直到1988年，澳大利亚才成为了第一个引进“迪尔玛”品牌的国家。而时至今日，迪尔玛已经在90个国家中赢得了红茶爱好者的欢迎。

其他产品

袋泡茶

（右图）基本款商品“花园清新茶”（399日元）。（左图）其他品牌一般会用中国茶叶来制作的格雷伯爵茶（504日元），迪尔玛则专注使用锡兰茶叶。

梅达瓦特

Meda Watte

梅达瓦特使用的是作为斯里兰卡的古都而名声远播的康提所出产的茶叶。味道没有什么特点，适合日常饮用。125克1,680日元。

裕达瓦特

UDA Watte

裕达瓦特拥有温和醇厚的口感，适合搭配各种不同的料理。它采用的是在海拔超过1,200米的汀布拉地区栽培出来的茶叶。125克1,680日元。

雅塔瓦特

Yata Watte

雅塔瓦特集中使用了在热带雨林包围下的卢哈纳地区栽培出来的茶叶。特征是涩味较轻，以及仿佛烟熏般的香气。125克1,680日元。

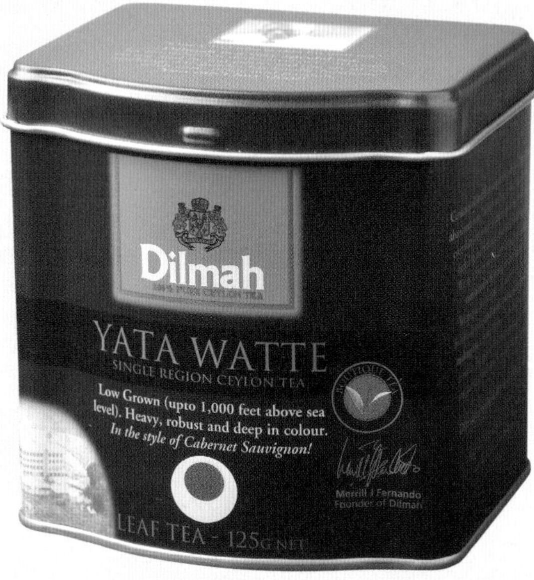

格雷伯爵茶
Earl Grey

为了添加香气，这款格雷伯爵茶使用了新鲜的佛手柑。天然的新鲜香气使这款茶给人的感觉别具一格。除了可以采用清饮法来玩味香气外，还可以加入充足的牛奶，享受奶茶浓郁的美味。100克1,890日元。

03
茶叶品牌

Janat

嘉纳滋

创始人的心愿是从世界各地收集品质最佳的美味茶叶

商标中那两只面对面的猫咪，灵感来自于嘉纳滋先生特别钟爱的宠物猫。

拥有丰富产品的高级食材品牌

据说，身为创始人的嘉纳滋·德莱斯先生，为了获得最佳品质的食材，经常亲自前往世界各国探访。时常出一次远门就好几周都不回家，但即使如此，他的两只爱猫每次都会在玄关迎接他的归来。所以从某种角度来说，猫咪们总是赋予嘉纳滋先生新的灵感，并激发其创作欲望。

“嘉纳滋”（Janat）品牌不断开发出原创配方，通过个性化十足的丰富产品吸引了众多红茶爱好者。嘉纳滋先生曾经留下过这样一段话：“我所钟爱的猫咪对于我的忠诚，激发了我的想象力。也就是说，钟爱的食材和对于顾客的忠诚，才是我生意的基石。”想要通过世界各地的美味食品让顾客感受到幸福。他的这一理念，至今都被很好地传承了下来。

 详询：嘉纳滋日本 ☎：03-5743-7662 http://www.janat.co.jp

特级大吉岭

Premium Darjeeling

以精挑细选出的夏摘茶新芽为主的特级罐装茶叶。它拥有的清爽香气具备夏摘茶的特色，适合采用清饮法来品尝。200克1,890日元。

其他产品

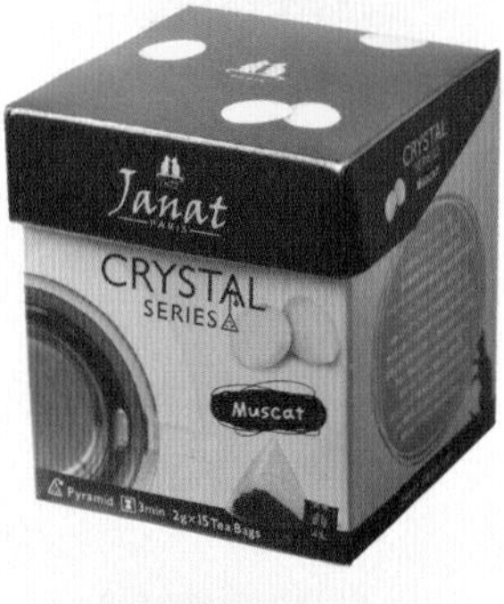

（左图）为了寻求美味的食品，前往世界各国旅行的嘉纳滋先生。（右图）嘉纳滋的“黄金系列”产品在法国巴黎国际食品饮料展览会SIAL上获得了金奖。

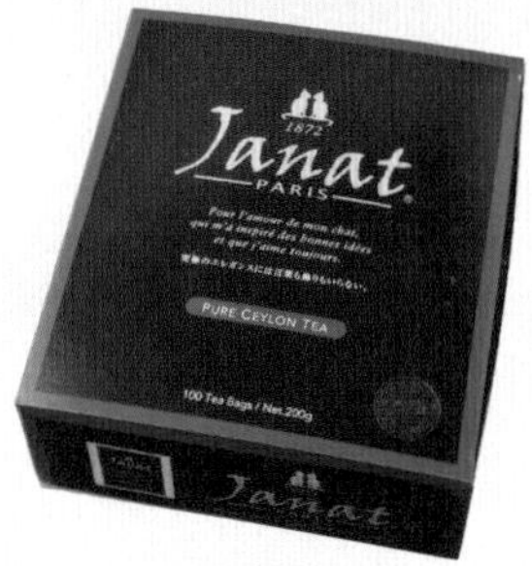

袋泡茶

嘉纳滋的袋泡茶产品包括了麝香葡萄或是焦糖等不同口味的调味茶，具有极高的人气。左侧照片的“纯斯里兰卡茶”（PURE CEYLON TEA），是嘉纳滋引以为傲的杰作，曾经连续2年在世界茶博会上赢得金奖。

大吉岭
Darjeeling
精挑细选出来的优质大吉岭，拥有成熟水果一般的香气，以及绵密丰厚的甜味。这款茶让人几乎感觉不到涩味，就算每天饮用也不会厌倦，可以算得上是艾迪亚尔的经典款产品。125克2,625日元。

HEDIARD

艾迪亚尔

凝缩在大红色茶罐中的优质美味

1854年，斐迪南·艾迪亚尔在巴黎的玛德莲娜广场上开设了一家店铺，艾迪亚尔品牌的历史就此拉开了序幕。

不仅吸引了巴黎人，还抓住了日本人的舌尖

以鲜艳的大红色罐子引人注目的“艾迪亚尔”（HEDIARD），是法国屈指可数的高级食品店。店中包括红茶在内的商品数量多达6,000余种。而且在注重传统、品质以及创造性，有众多一流品牌加入的法国精品行业联合会“科尔贝委员会”中，艾迪亚尔也是唯一获得加盟许可的食品店。

艾迪亚尔的红茶高雅而又古典。多达上百种的产品，都是以严格挑选出的茶园中采摘下的茶叶为原料，经由知名的调配师制作出来的。这其中人气最高的，就是清爽的“大吉岭”，以及用西西里岛的佛手柑添加了风味的“艾迪亚尔调配茶”。2010年，伊势丹新宿店的店内开设了法式餐厅“艾迪亚尔的餐桌”。在这里，您可以搭配着料理或是甜点享用艾迪亚尔的红茶。

详询：世纪贸易公司 ☎：03-3208-5881

早餐茶

Breakfast

将因强有力的味道而知名的阿萨姆，与香气诱人的锡兰茶进行调配后得到的产品。味道很清爽，非常适合在起床后来上一杯，清醒头脑。125克1,785日元。

四红果水果茶

4 Red Fruits

奢侈地使用了大量草莓、木莓、红浆果和樱桃的一款产品。它酸酸甜甜的味道也非常适合用来制作冰茶。125克2,100日元。

下午茶

Afternoon Tea

拥有芳醇香气和浓郁口感的锡兰茶叶，连茶汤的颜色都十分美丽，让人不由地产生"这才是红茶！"的感受。非常适合在悠闲放松的午后饮用。125克1,785日元。

艾迪亚尔调配茶

Hediard Blend

以中国出产的茶叶为基底茶，添加了佛手柑及柑橘的香气。适合采用清饮法来享受它华丽的香气。125克2,100日元。

乔治亚调配茶18号

Georgian Blend（NO.18）

将阿萨姆、大吉岭和锡兰红茶按照恰当的比例调配在一起而成。是一款无论是清饮还是加入牛奶都口感上佳的“万能红茶”。在伦敦哈洛德百货内部的餐厅就可以品尝到。125克3,360日元。

05

茶叶品牌

Harrods

哈洛德

被誉为“无所不有”的名门品牌

哈洛德百货是世界上最有名的百货公司，同时也算得上是伦敦的知名景点之一，从创业期开始，红茶的贩卖便是哈洛德的核心业务。

从170多个品种中找出中意的产品

作为世界级的高档百货店而广为人知的“哈洛德”（Harrods），其宗旨就是“不管是什么样的客户，不管要寻找的是什么样的东西，不管要送到哪里，这里都可以满足他们的愿望”。1849年，查尔斯·亨利·哈洛德创立了一家以红茶的门市销售为核心业务的小型食品店。虽然店铺曾经一度被大火烧毁，但哈洛德家族当时迅速的善后处理，让他们成功地赢得了顾客的更多信赖。在那之后开张的新店铺规模更大，成为现在的哈洛德百货的原型。

哈洛德家族在红茶上花费了很多心思，制作出了配合不同场合的多种原创调配茶。时至今日，哈洛德品牌拥有的红茶产品数量已经超过170种。哈洛德的大吉岭完全使用夏摘茶制成。其他的茶叶，也是由买手亲自前往各地的茶园，经过严格的品鉴和挑选后才采购回来的。

详询：最茶（T´s）商贸股份有限公司 ☎：03-3534-6490 http://www.teast.co.jp/

玫瑰茶
Rose

在适合制作调味茶的中国茶叶中，加入大量的玫瑰花瓣，营造出鲜浓的香气。125克1,890日元。

苹果茶
Apple

把削成薄片的苹果干混合进中国茶叶中。这款酸酸甜甜的调味茶，加入蜂蜜后也十分美味。125克1,890日元。

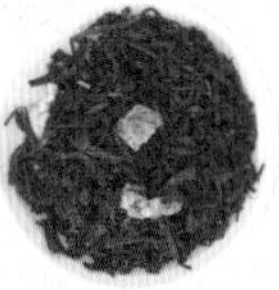

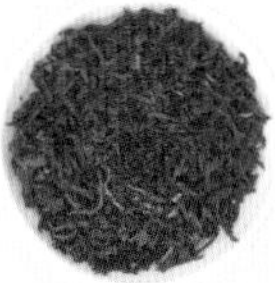

阿萨姆哈朱亚
Assam Hajua

在CTC制法日趋流行的现在，阿萨姆哈朱亚却使用了生产叶茶的哈朱亚茶园的茶叶。它的味道相当有个性。125克2,625日元。

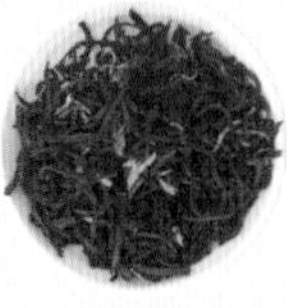

花瓣格雷伯爵茶
Flowery Earl Grey

在中国和锡兰的茶叶中，加入金盏花、矢车菊的花瓣，调配出充满东方情调的香气。125克3,360日元。

调配茶14号
Blend (No.14)

将大吉岭、阿萨姆、锡兰和肯尼亚这4种茶叶混合在一起制成的调配茶。就算每天品尝都不会厌倦。125克1,890日元。

英式早餐茶
English Breakfast

英式早餐茶以印度出产的茶叶为主料，是传统的调配茶，也是经典款的人气产品之一。用充足的牛奶进行熬煮，添加上皇家奶茶或是香料，把它制作成恰依茶来享用，也是个不错的选择。60克735日元。

06
茶叶品牌

Benoist
伯努瓦

让英国皇室也为之着迷的莫奇·伯努瓦的罕见才能

曾经获得过3个皇室御用品牌认证，这份传统现在也被很好地传承了下来。现在，伯努瓦在银座松坂屋开设了唯一一家茶室。

莫奇·伯努瓦在伦敦皮卡迪利广场开设过的店铺，至今仍在作为综合食品店开门营业。

重视新鲜度，坚持少量贩卖的传统

在19世纪中期，一位传奇的厨师莫奇·伯努瓦从法国来到英国，创立了高级食品品牌伯努瓦（Benoist）。这个品牌受到了当时上流社会成员的广泛支持，据说还曾经被进献给英国王室。后来在日本，伯努瓦则因为出现在电视剧中而一举成名。

伯努瓦公司通常会派遣买手去往印度或是斯里兰卡等当地信誉度较高的茶园中采购茶叶。此外，因为伯努瓦品牌认为茶叶的新鲜度直接关系到美味程度，所以其茶叶全都是以便于尽快喝光的60克包装来进行销售的。同时，伯努瓦提供的可以补充到茶叶罐里的简装茶叶也很有魅力，受到消费者的推崇。

此外，伯努瓦公司另一款人气极高的产品，就是饮用下午茶时不可缺少的司康饼。那种简单朴素的味道，和香气浓郁的红茶的搭配堪称绝妙。有机会的话大家一定要品尝一下。

详询：伯努瓦日本 ☎：03-6895-2616 http://www.benoist.co.jp/

阿萨姆红茶
Assam Tea

包含了稀少的黄金茶芯的阿萨姆红茶。它的香气相当浓烈，而且拥有醇厚的味道和甜度。深红的汤色也十分美丽。60克1,155日元。

苹果茶
Apple Tea

以没有什么特殊味道的锡兰橙白毫为基底，充分地添加上青苹果薄片的调味茶。60克1,050日元。

大吉岭格雷伯爵茶
Darjeeling Earl Grey

使用了大吉岭出产的豪华版格雷伯爵茶。大吉岭特有的鲜浓香气被充分地发挥了出来。60克1,050日元。

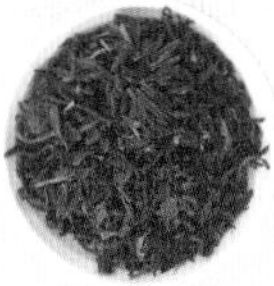

纯正大吉岭
Pure Darjeeling

纯正大吉岭红茶拥有类似于麝香葡萄般的香气，以及温和的涩味。有的粉丝甚至认为只有这样才算是真正的大吉岭。60克1,260日元。

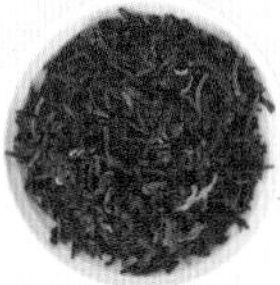

特级大吉岭
Fine Darjeeling

只使用著名的蕾帕拉茶园栽培出来的茶叶。虽然茶汤颜色比较淡，但是拥有出众的浓烈香气。60克1,890日元

大吉岭BOP
Darjeeling

将在海拔2,000米以上的高地栽培出来的，风味浓厚的大吉岭茶叶进行了调配的一款茶叶。其茶汤颜色带有少许红色，清爽细腻的口感和醇厚的香气都非常值得称道。125克2,100日元。

07
茶叶品牌

FORTNUM & MASON

福特纳姆和玛森

丰富的品种和极致考究的味道

就职于安妮女王的皇家守卫队的福特纳姆，在说服了房东玛森后，一起开创的品牌。

源自于小小店铺的皮卡迪利广场名店

“福特纳姆和玛森”（FORTNUM & MASON），是由青年时期的威廉姆·福特纳姆和休·玛森于1707年创立的店铺。现已作为伦敦首屈一指的高级食品店而名声远播。它在刚创立的时候，不过只是一个小小的食品杂货店而已。因其橱窗使用了独创性的装饰，吸引到了不少路人踏入店门，目睹了店内在其他地方难得一见的丰富商品后，这些路人没用多少时间，就转化为这里的常客了。

包括安妮女王茶在内的福特纳姆和玛森的红茶都十分考究，拥有优雅而又极致考究的味道。它们在日本也具有极高的人气，很多人在打算向重要的人赠送礼物时，都会选择福特纳姆和玛森的红茶。

2007年，福特纳姆和玛森位于皮卡迪利广场的总店创立300周年期间，进行了大规模的重新装修。

详询：日本桥三越等各家经手店铺　http://www.fortnumandmason.co.jp/index.html

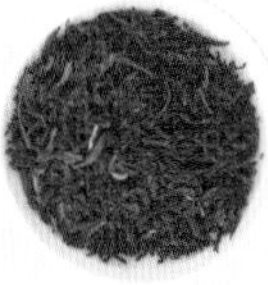

安妮女王茶
Queen Anne

福特纳姆和玛森在创立200周年的1907年，以英国国王安妮女王之名发售的产品。以阿萨姆为基底，味道相当浓郁。125克2,100日元。

调味茶（草莓）
Flavour Tea (Strawberry)

这款调味茶恰到好处地烘托出了水果和红茶各自味道的魅力，营造出了一种鲜爽的口感。125克3,150日元。

绿茶（茉莉）
Green Tea (Jasmine)

将中国福建省出产的茶叶，和绽放后的茉莉花花瓣混合在一起，营造出了芳醇的香气。125克3,150日元。

皇家调配茶
Royal Blend

在福特纳姆和玛森为数众多的原创调配茶中拥有最高的人气。这是为庆祝1902年爱德华七世即位而发售的产品。125克1,890日元。

烟熏格雷伯爵茶
Smoky Earl Grey

用松木熏制稀有的正山小种茶叶，再用佛手柑来添加香气的独创性茶叶。125克2,310日元。

法式蓝伯爵茶

Earl Grey French Blue

以中国出产的茶叶为基底，通过原创配方，散发出法国风的高雅味道的格雷伯爵茶。大量添加的品蓝色的矢车菊花瓣，使其外表看起来也相当华丽。100克罐装，2,520日元。

08

茶叶品牌

MARIAGE FRÈRES

马瑞格佛芮勒斯

世界闻名的法国最古老的红茶专营店

世界级的知名品牌，甚至到了说到法国红茶的话，很多人以为指的就是“马瑞格佛芮勒斯”的程度。

（右图）约1854年时，创始人亨利・马瑞格在店铺中。（左图）在巴黎的玛莱区开设店铺时，和当时有名的食品店也进行过交易。

随时通过新的提案让顾客获得更好的享受

“马瑞格佛芮勒斯”（MARIAGE FRÈRES）是法国最为古老的红茶专营店。将它的法文名称直译，就是“马瑞格兄弟”的意思。正如其名，这家店铺是在1854年，由亨利和爱德华这两兄弟一起创立的。马瑞格佛芮勒斯品牌为法国的红茶文化做出了很大的贡献，有些人甚至认为“如果不提马瑞格家族，就无法讲述法国红茶历史”。马瑞格佛芮勒斯品牌创业时期开设在巴黎玛莱区的店铺至今都还在营业，并吸引了世界各国人士的拜访。

马瑞格佛芮勒斯的茶叶，是从包括印度和中国在内的35个国家的茶园中，精选和订购来的。对于充分发挥出茶叶各自特性的调味茶或是调配茶，店铺会顺应季节与场合的变化而不断提出新的提案。马瑞格佛芮勒斯的红茶品种相当丰富，总数甚至超过了500种。这些红茶拥有在其他地方难以品尝到的高雅考究的味道，不仅具备独创性，还相当有艺术感。

详询：马瑞格佛芮勒斯银座总店 ☎：03-3572-1854
邮购电话：0120-33-1854 http://www.mariagefreres.com

其他产品

礼盒套装

由颇具人气的茶叶组合而成的礼盒，内容相当丰富。照片中左侧的是"红茶礼盒NGS-1C"，3,150日元；右侧是红茶和茶壶的礼盒，7,350日元。

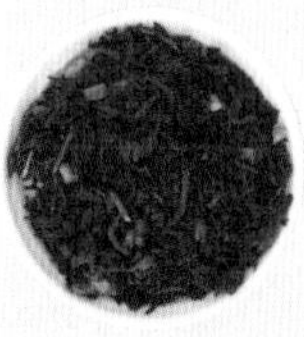

Esprit de Noel

发挥了柑橘和肉桂的特性，味道甘甜而浓烈的红茶。因为是季节性产品，所以包装设计和味道每年都会有所更新！90克罐装，3,150日元。

法式早餐茶

Trench Breakfast Tea

作为经典款的调配茶而极具人气。同时兼具了鲜浓的香气，稳定的风味和醇厚的味道。100克罐装，2,625日元。

落叶之红

拥有类似于蜜饯栗子般的甘甜香气的调味茶。它也可以制作成奶茶。包装设计和味道每年都会有所更新！90克罐装，2,940日元。

The des Lords

“The des Lords”是鲁·帕莱代特所经营的格雷伯爵茶中，味道最醇厚也最浓烈的调配茶。具有个性化的香气，适合在想要振作精神时饮用。无论是制作成奶茶还是冰茶都相当适合。125克3,150日元。

09
茶叶品牌

LE PALAIS DES THÉS

鲁·帕莱代特

同时拥有最佳品质和最美味口感的红茶

店名在法语中是“茶馆”的意思。红茶专家特有的独创性配方，让诞生于这里的调味茶极具魅力。

红茶专家所开设的面向红茶达人们的茶馆

“鲁·帕莱代特”（LE PALAIS DES THÉS）的出现和设立，是因为巴黎蒙巴纳斯的50位红茶专家和爱好者，想要追求更高品质的红茶。从1987年的创业期开始，他们就会为了确保茶叶的新鲜度和品质而亲自前往20多个国家的茶叶生产地进行采购。此外，鲁·帕莱代特旗下那些充分发挥各种不同茶叶个性的调味茶，也在世界各地拥有极高的人气。

茶树原本就是相当敏感的农作物，气候和地势等条件的不同，都会让茶叶味道出现大幅度的变化。此外，从商业角度来说，采购者如果只因为一两次的交易，就彻底信任某个茶园的话，无疑也是不合适的。所以鲁·帕莱代特公司会定期地拜访产地，通过反复的品鉴来精挑细选出真正优质的茶叶。希望大家也可以去确认一下，这些受到知名红茶专家们认可的味道。

 详询：鲁·帕莱代特 ☎：03-5701-8750 http://www.pom.co.jp

蓝山红茶

Montaghe Bleue

用草莓、蓝莓和薰衣草为茶叶添加香气，再混合入矢车菊花瓣的产品。拥有甜纯清新的香气。100克1,785日元。

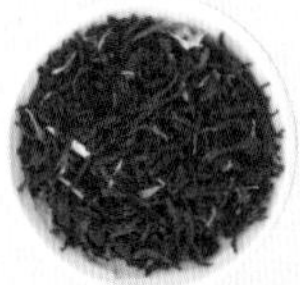

黛米红茶

Temi

在和大吉岭相距不远的锡金地区栽培出来的茶叶。拥有鲜爽而浓郁的香气，以及浓醇回甘的口感。50克1,365日元。

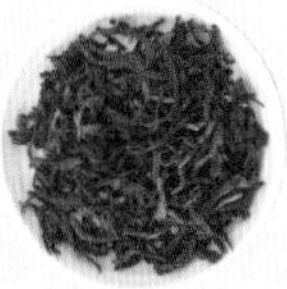

大云南特级红茶

Grand Yunnan Impérial

这一品种使用了中国云南省出产的稀有茶叶。因为滑润而又浓厚深邃的口感，被称为"红茶中的摩卡"。100克2,625日元。

俄式7柑橘茶

Goût Russe 7 Agrumes

使用了甜橙、蜜柑等7种柑橘类水果来添加香气的产品。具有清凉感，非常值得推荐给柑橘类调味茶的爱好者饮用。100克2,163日元。

10

茶叶品牌

FAUCHON

馥颂

不断进行新的尝试和挑战，持续发展的传统老字号品牌

目前的经营涉及与食品有关的所有商品，甚至达到了被评价“只要去一趟馥颂，就不会有找不到的东西”的程度。

大吉岭玛格丽特的希望

Darjeeling Margaret's Hope

使用了位于大吉岭南部的玛格丽特的希望茶园的夏摘茶。除了像麝香葡萄一般的雅致香气外，蕴含类似于果仁的味道，也是它的魅力之一。100克3,150日元。

通过崭新的想象力为法国红茶文化作出贡献

1886年，奥古斯特·馥颂在巴黎的玛德莲娜广场开设了一家小小的果蔬店。这家店铺的最大宗旨，就是“只为顾客提供在其他地方难以获得的高级食品”，以及“商品的品种要丰富到可以满足各种不同口味的美食家”。

从创业时期开始，馥颂先生对红茶就倾注了大量的心血。他不仅对茶叶的品质非常讲究，而且还研究和初创出了各种具有独创性的调味茶，比如在20世纪60年代添加水果，20世纪70年代添加各种不同的花瓣等等。外观美丽，味道醇厚浓郁的调味茶，让巴黎的美食家们纷纷为之倾倒。1998年，馥颂品牌还发明了被称为“水晶茶包”的非常薄的尼龙材质的茶包。让人们可以在不损害茶叶敏感成分的情况下，通过充分浸泡提取出其中的美味。

巴黎，我的爱
Paris, My Love

为阿萨姆的茶叶加入男性化的风味和可以让人联想到优雅女性的玫瑰香气。加入了玫瑰的花蕾，100克2,415日元。

快乐
Happiness

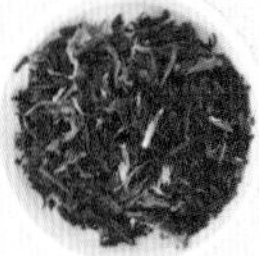

将红花、矢车菊等的花瓣混合进红茶和绿茶中，用柠檬及浆果来直接添加香气。拥有温和的香气和味道。100克2,415日元。

生日
Bithday

在茶叶中混合进薄荷及锦葵等，并用木莓及奶油来添加香气。这款华丽的调配茶的灵感来自于生日蛋糕。100克2,625日元。

锡兰B.O.P
Ceylan B.O.P

使用了分别在锡兰的低地和高地采摘下来的茶叶的调配茶。浓烈的香气和细腻的味道让它比较适合采用清饮法。*图片为示意图，仅供参考。100克2,100日元。

格雷伯爵蓝花茶
Earl Gray Flowers

在格雷伯爵茶中加入矢车菊花瓣后产生的品种。它精纯而又优雅的香气让人印象深刻。品尝后饮用者的心情也会变得平稳舒缓。100克2,415日元。

11

茶叶品牌

A.C. PERCH'S

A.C.帕克斯

丹麦最为畅销的红茶

丹麦王室御用的香气浓郁的高品质红茶，连包装都非常美丽。

精灵物语

Fairy Tale

通过柠檬及西洋梨等来营造出酸甜味道的调味茶。灵感来源于北欧活力十足的精灵。在女性中拥有极高的人气。100克2,145日元。

源自于王室
可爱的名称也值得瞩目

作为北欧最古老的红茶专营店，“A.C.帕克斯”（A.C. PERCH'S）已经拥有了超过170年的历史。它是丹麦王室的御用品牌之一，因为皇室家族对于它的钟爱而名声远播。A.C.帕克斯创立于1834年，也就是英国面向世界解禁东印度公司的那一年。此后，它很快就以上流社会为核心，大幅推广了红茶文化。20世纪初期，它获得了更多红茶爱好者的认可，现在不仅会出现在国际机场、咖啡店或是普通家庭中，还会在王室开办的红茶派对上，被用来招待各国的要人。

其他产品

包装也十分美丽

茶叶罐整体被薄纸包裹住，上面附带着绿色的绳子和栓扣，简直让人舍不得打开包装。就这样直接将它馈赠给亲友的话，对方应该也会十分高兴吧。

早茶

Morning Tea

将阿萨姆和锡兰茶进行了调配的早茶，是A.C.帕克斯中历史最悠久，也是人气最高的茶叶之--。100克2,310日元。

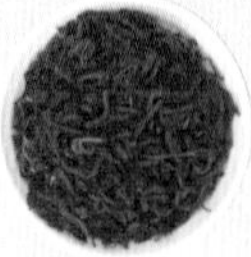

王妃调配茶

Queens Blend

在添加了香气的格雷伯爵茶中，混合进稀有的绿茶“珠茶”。其雅致的香气让它赢得了丹麦王妃的钟爱。100克2,625日元。

详询：果酱奇迹 ☎：03-5772-6706（代）

12
茶叶品牌

MELROSE

梅尔罗斯

因为深厚的传统和精湛的培育及制茶技术而受到了众多人士的喜爱

梅尔罗斯是在东印度公司解体，贸易自由化后，最早开始和中国茶园进行交易的品牌之一。

带有苏格兰格子的外包装，让人感受到了它的英国特色

创始人安德鲁·梅尔罗斯在商业经营上极有天分，22岁拥有了自己的店铺，从此作为红茶批发商大显身手。为了获得更加新鲜、高品质的茶叶，他让长子威廉驻扎在中国，并倾注了大量心血研究可以减轻损耗的运输方法。1865年，著名的品茶师、调配师约翰·麦克米伦也加入了梅尔罗斯公司（MELROSE）。在继承了麦克米伦研究出来的配方和传统的制作方法的同时，梅尔罗斯公司也不断对红茶的味道精益求精，现在已经成为了可以抓住世界各地红茶达人舌尖的品牌。

阿萨姆
Assam

只选用了在印度阿萨姆采摘下来的茶叶。拥有美丽的琥珀色茶汤和醇厚的口感。其甘甜的香气可以让饮用者的心情也为之缓和。120克1,155日元。

其他产品

茶包

历史近200年的梅尔罗斯红茶，除了适合送礼的罐装，也推出了10袋一盒的简装版，更加适合家庭享用。

英式早餐茶
English Breakfast

混合了锡兰和阿萨姆茶，不光可以采用清饮法，也可以用奶茶的方式来享受的红茶。浓厚的口感让人印象深刻。120克1,050日元。

皇后大吉岭
Queen's Darjeeling

使用高品质的大吉岭茶叶，借助高超的调配技术调制出高雅的香气。梅尔罗斯公司的代表作。110克1,575日元。

13

茶叶品牌

AHMAD TEA

亚曼茶

格雷伯爵茶

Earl Grey

用佛手柑给斯里兰卡出产的茶叶添加了风味。馥郁的香气和烟熏般的味道，让它在同公司的产品中拥有最高的人气。100克840日元。

红茶专家所开设的沙龙引发了话题

由在英国学习了红茶调配技术的亚曼·阿夫沙于1953年创建的品牌。

成为了面向英国大众阶层扩展红茶文化的引领品牌

创始人亚曼先生曾亲自前往生产出优质茶叶的亚洲地区，在对茶叶的选择和发酵方法都进行了反复研究后，开始向英国出口茶叶。20世纪80年代，当家人拉希姆·阿夫沙移居到英国，开设了红茶沙龙。他让曾经是上流社会嗜好品的红茶，以亲民的价格成为了大众阶层也可以轻松享用的饮品，并因此赢得了极好的口碑。随后，他为满足顾客的强烈需求，开始销售罐装茶叶。现在，亚曼茶（AHMAD TEA）在英国，作为红茶的流行品牌而受到很多人的钟爱。

桃子与百香果

Peach & Passion Fruit

这是一款甘甜而又有热带风情的调味茶，在女性中拥有极高的人气。它非常适合搭配水果馅饼等使用了应季新鲜水果的甜点。100克840日元。

城堡精选温莎大吉岭

Castle Collection Windsor Darjeeling

这款茶叶只使用经过严格筛选的大吉岭春摘和夏摘茶叶，拥有细腻而又鲜爽的味道。100克1,785日元。

其他产品

茶包

将4种经典款商品混装在一起的古典套装（照片中靠前的盒子），以及集合了各种调味茶的水果茶套装（照片中靠后的盒子）。

 详询：富永贸易 ☎：03-6202-3302 http://www.ahmadtea.jp/

14

茶叶品牌

DALLOYAU

达洛优

众多名人也频繁到访的著名品牌

从拿破仑时代延续至今的法国老字号品牌。

搭配高品质的面包及甜点
要用高品质的红茶

“达洛优”（DALLOYAU）是法国著名的食品品牌之一。在日本，它主要作为面包和甜点名店而为人所知。达洛优创立于拿破仑统治时期的1802年，受到了众多著名人士的青睐。在不少19世纪前半期发表的小说中，都会提到“达洛优是吸引了众多美食家的店铺”。达洛优所经营的红茶品种并不是很多，但其品质和美味程度都得到了广泛的认可。而且理所当然的，这些红茶也非常适合搭配达洛优引以为傲的面包，以及包括马卡龙在内的品种丰富的甜点。

锡兰茶
Ceylan

经过严格挑选的锡兰茶。拥有诱人的香气、美丽的茶汤颜色以及不会让人厌倦的味道。在达洛优的红茶中，是人气非常高的品种之一。125克1,890日元。

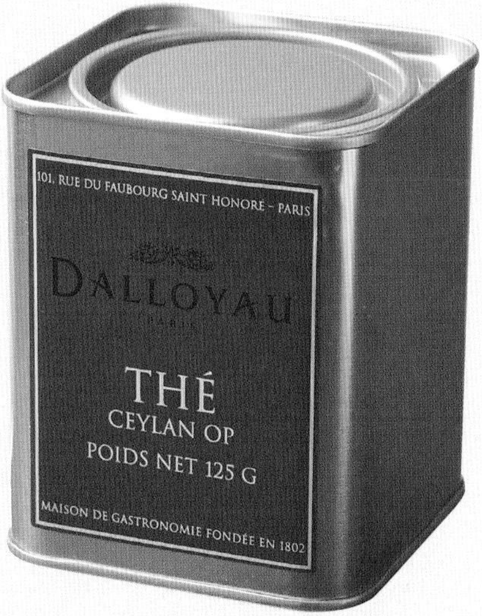

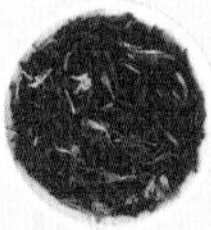

周末
Weekend

达洛优引以为傲的产品之一，通过加入矢车菊和向日葵的花瓣，营造出了高雅的香气。125克1,680日元。

苹果
Pomme

在锡兰茶中添加了苹果味道的调味茶。拥有众多女性粉丝。125克1,680日元。

达洛优
Dalloyau

对优质的茶叶进行调配，用柠檬和柑橘来添加香气。拥有达洛优品牌特有的独创性味道。125克1,890日元。

大吉岭
Darjeeling

拥有鲜嫩的香气和芳醇的麝香葡萄味的调味茶，和各种料理、甜点都很搭配。125克2,310日元。

15

茶叶品牌

WEDG WOOD

韦奇伍德

众所周知的英国瓷器品牌

拥有美丽乳白色光泽的"骨质瓷"，对英国的红茶文化也有着不小的影响。

拥有高贵味道的红茶
也需要搭配美丽的瓷器

1759年，被称为"英国传统陶瓷之父"的乔舒亚·韦奇伍德（WEDGWOOD）创立了韦奇伍德品牌。韦奇伍德的瓷器在造型优美的基础上兼具实用性，可以烘托出各种料理的美感，将餐桌点缀得更加赏心悦目。韦奇伍德通过原创配方调配出的红茶，也拥有高雅的味道，搭配各种美丽瓷器来享用，非常愉悦心情。

格雷伯爵茶
Earl Grey

将中国红茶和锡兰茶进行调和后，用佛手柑添加上鲜纯的香气。其美丽的茶汤颜色，在韦奇伍德瓷器的映衬下会显得格外动人。125克1,995日元。

英式早餐茶
English Breakfast

将阿萨姆、肯尼亚和斯里兰卡出产的茶叶进行了调配的产品。拥有丰润的香气，可以让刚起床的人变得神清气爽。140克1,575日元。

韦奇伍德原创茶
Wedg Wood Original

使用了在印度精选茶园中采摘下来的茶叶。不仅适合清饮，也非常适合用来制作奶茶。125克2,625日元。

 详询：日食 ☎：06-6314-3655 http://www.nisshok-foods.co.jp/

16

茶叶品牌

DAMMANN FRÉRES

黛玛茶

作为调味茶的开创者而为人所知的法国品牌

配合法国人的口味，对格雷伯爵茶进行改造的产品“格特鲁斯”成为了大热商品。

格特鲁斯1号

Goût Russe (No.1)

将诞生于英国的格雷伯爵茶，改造成了法国风格的产品。拥有柑橘类水果的香气和高雅的味道。100克1,890日元。

由法国红茶的先驱者研究出来的洋溢着独创性的调味茶

1692年，黛玛茶（DAMMANN FRÉRES）获得了路易十四世颁发的法国国内红茶独家销售权。此后，它便和法国国内红茶文化的发展有了密不可分的关系。在说到“黛玛茶”的时候，不能不提的一个人便是吉恩·朱莫·拉丰。他所创造出的革新性的调味茶，受到了世界各国的瞩目。

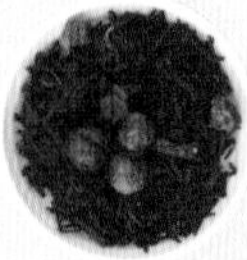

四红果4号（No.4）

4 Red Fruit (No.4)

通过红浆果、木莓等4种“红色的水果”，给锡兰茶添加了酸酸甜甜的味道。100克1,890日元。

东方茶2号（No.2）

L'oriental (No.4)

用菠萝、百香果和矢车菊等给中国绿茶添加上香气，是一款非常有品牌特色的调配茶。100克1,575日元。

17

茶叶品牌

HAMPSTEAD TEA

汉普斯顿有机茶

有机栽培的茶叶特有的天然美味

诞生于1997年的新品牌。汉普斯顿的格雷伯爵茶，在2009年荣获了有机食品大奖。

对大吉岭非常执着的有机茶品牌

汉普斯顿有机茶品牌（HAMPSTEAD TEA）的创始人基兰·扎尼，在长达16年的时间内都是极为活跃的品茶师。他选择了在大吉岭栽培上拥有最悠久历史的麦卡巴里茶园进行合作。麦卡巴里茶园是英国王室御用的有机茶园。没有使用任何的化学肥料或是农药，完全通过自然调和的培育方法制造出来的有机茶，不仅进入了英国的高级百货店，在世界各国都受到了欢迎。

大吉岭

Darjeeling

麦卡巴里茶园引以为傲的大吉岭。不仅新鲜，还拥有水果的香气。100克1,575日元。

格雷伯爵茶

Earl Grey

运用产自西西里岛的佛手柑中抽取的天然香油来添加香气，营造出清新的味道。100克1,575日元。

其他产品

袋泡茶

玫瑰果芙蓉花茶（图片上方）、柠檬姜茶（图片左下）及印度风恰依茶（图片右下）的袋泡茶。都是一盒20包，672日元。

 详询：富永贸易 ☎：03-6202-3302 http://www.tominaga.co.jp/

18
茶叶品牌

TEEKANNE

缇喀纳

拥有125年历史的德国老字号品牌

因品牌“蓬帕杜”（Pompadour）而为人所知。

格雷伯爵茶（一盒20包）
Earl Grey

通过天然佛手柑香油来添加香气，营造出了味道丰富的正统派红茶。525日元。

推广与普及了广受喜爱的正统派红茶

“缇喀纳”（TEEKANNE）品牌发明了被称为“双囊袋”的茶包，也因此而扬名世界。在红茶方面，缇喀纳销售格雷伯爵茶、大吉岭等3种标准正统派红茶。虽然都只有袋泡茶的形式，但是因为对茶叶进行了铝箔袋包装保鲜，饮用者也可以享受到新鲜的味道。

英式早餐茶（一盒20包）
English Breakfast

混合了各种不同茶叶的独创调配茶。其怀旧的味道也适合用来制作奶茶。525日元。

19
茶叶品牌

Tea Boutique

茶中精品

诞生于德国汉堡的顶级品牌

亮点在于出色的调配茶和调味茶技术，还有大规模的商品推广。

使用了高品质茶叶的调味茶极具人气

普通品牌的调味茶使用的都是BOP或是BOPF级别的茶叶，但是“茶中精品”（Tea Boutique）的调味茶却只使用顶级的OP级茶叶。他们精选出来的茶叶，都具备了叶片大小均一、香气持久和茶汤颜色美丽等特点。因为使用了直接冲泡也很美味的茶叶来作为原料，所以资深红茶爱好者们也相当钟爱这个品牌。

玫瑰茶
Rose Tea

茶叶中加入了充足的玫瑰花瓣！拥有鲜浓的香气。45克609日元。

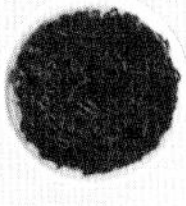

大吉岭

Darjeeling

经典款的大吉岭。拥有芳醇、鲜爽的香气。回甜和苦涩味的比例也恰到好处。90克1,260日元。

20

茶叶品牌

Mrs. Bridges

布里奇斯夫人

主题是英国的“家庭化的味道”

除了红茶以外，布里奇斯夫人还推出了色拉和果酱等各种各样的商品。

品牌模特是现在也持续受到喜爱的电视剧中的知名角色

英国曾经流行过一部名为《楼上楼下》的电视剧，布里奇斯夫人（Mrs. Bridges）这个品牌，就是源自于剧中以厨师角色登场的“布里奇斯阿姨”，拥有极高的观众人气。布里奇斯夫人品牌的生产模式就是对茶园进行完全管理，并从中严格挑选出上等的茶叶。

下午茶

Afternoon Tea

混合了印度、斯里兰卡的茶叶，口感清爽的调配茶。90克1,050日元。

21

茶叶品牌

LIPTON

立顿

第一个进军日本的红茶品牌

由于每天饮用也不会厌倦的味道和亲民的价格，立顿在全世界都赢得了广泛的喜爱。

袋泡茶的种类也非常丰富

包括照片中央的黄标红茶在内，立顿的袋泡茶产品相当丰富。

在日本推动了红茶文化的伟大的立顿

由托马斯·立顿爵士于1871年创立的“立顿”红茶，现在已经在150多个国家受到了广泛的喜爱。1906年，它成为了第一个进军日本的海外红茶品牌。立顿爵士很早就拥有了自己的茶园，并开发配方，进行各种新尝试，来引领红茶业界的风向。他的这份热忱被很好地传承了下来，现在的立顿，也一直专注于新产品的开发和研究。

详询：世纪贸易公司（布里奇斯夫人的问询处） ☎：03-3208-5881 详询：联合利华客服中心（立顿的问询处） ☎：0120-238-320 http://www.lipton.co.jp/

皇家早餐茶

Royal Breakfast

混合了BOP和OP的红茶。也是1664年进献给查理二世的产品。125克1,680日元。

22

茶叶品牌

EAST INDIA COMPANY

东印度公司

1664年进献给查理二世的红茶在上流社会中风行一时

正是因为东印度公司的出现，红茶文化才拥有了在全世界扩展开来的契机。

第一茶庄阿萨姆

First Estate Assam

使用了最早设立的茶园的茶叶。拥有浓烈的香气和味道。125克1,680日元。

所有的红茶贸易，都始于东印度公司

“东印度公司”（EAST INDIA COMPANY）是因为伊丽莎白一世颁发的敕令而于1600年成立的。它因香料贸易而广为人知，同时也是把红茶文化扩展到了全世界的一家企业。东印度公司一度在政治方面也拥有一定的势力，不过最后还是在1874年解散了。现在的东印度公司，是为了进行红茶销售，而在获得英国纹章院的许可后重新设立的。

23

茶叶品牌

NITTOH BLACK TEA

日东红茶

诞生于日本的品牌红茶

日本国内首个引进了茶包自动包装机的品牌。

品种丰富的商品

包括照片中的袋泡茶和茶叶在内，日东红茶推出了速溶茶等多种多样的商品。

“想要进一步推广红茶文化”这一信念至今也没有改变

日东红茶诞生于1927年，是日本首个国产红茶品牌。日东红茶的理念，就是想要让原本是进口高档货的红茶普及到普通家庭中。为此他们通过各种各样的尝试引领了日本的红茶文化。1950年，日东红茶在“小田急电铁”的车内开设了茶室，“行驶中的茶室”成为了热议话题。日东红茶在以儿茶素为代表的茶叶功效成分的研究上也倾注了大量心血，在茶叶功能性研究的领域做出了极大的贡献。

详询：因特德克（东印度公司的问询处） ☎：03-5537-2741 http://www.eastindiacompany.jp/index.html

详询：三井农林客服中心（日东红茶的问询处） ☎：0120-314-731 http://www.nittoh-tea.com/

全面介绍红茶的魅力!

红茶发源于中国，现在已经传播到了全世界100多个国家。红茶的世界也开始吹起了新风。红茶研究家矶渊猛先生将会为我们详细解说红茶的魅力!

完　美　指　南

第1章 | 通过巨头对谈来进行探索！
彻底研究“红茶的乐趣”！ | 104

第2章 | 了解和发挥出茶叶个性的乐趣
初次享用红茶的品饮与鉴定术 | 110

从红茶与绿茶的差异开始着手
红茶，基础中的基础 | 114

茶叶的个性是由地域决定的
红茶的产地 | 117

印度：大吉岭／阿萨姆／尼尔吉里
斯里兰卡：汀布拉／乌瓦／努沃勒埃利耶／ 康提／卢哈纳
中国・肯尼亚・爪哇・日本

专栏 | 拜访“午后红茶”的试制室！
守护味道的专业人士致力于
探究美味红茶的精髓 | 136

第3章 | 红茶研究家矶渊先生所传授的最新方法！
冲泡出极致美味红茶的7大要诀 | 140

01 任何人都可以做到的绝对美味的“王道式”红茶冲泡方法
02 使用正确的手法，袋泡茶也能冲泡出极致的美味！
03 牛奶和砂糖的挑选方法
04 和平时的红茶大不相同！ 调配茶的配方
05 水该用软水还是硬水？ 烧开的方式又是怎样的？
06 正确保持茶叶新鲜度
07 茶器和工具要这样选择

专栏 | 在饮用美味红茶的同时……
让我们一起来温习红茶的历史吧！ | 148

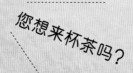

您想来杯茶吗？

完美指南 第1章

通过巨头对谈来进行探索！

彻底研究“红茶的乐趣”！

虽然红茶容易让人联想到使用着茶杯和茶壶的优雅世界，但其实它也是沐浴着风和阳光，在田地里长大的农作物。为了探究红茶真正的魅力，我们拜访了红茶研究家矶渊猛先生的店铺。

1. 虽然红茶与咖啡的方向性有所不同，但因为研究对象都是嗜好品，所以两人还是聊得热火朝天。他们活跃的领域也相当接近，比如著书、演讲等等。
2. 红茶专营店“汀布拉”的工作人员全都是女性。
3. 汀布拉的店铺位于大厦的二楼。温暖的阳光透过大大的落地窗射入室内。
4. 除了作为饮茶店接待顾客外，这里也进行茶叶的销售。

红茶已经传播到了全世界的126个国家。虽然和咖啡比起来，红茶似乎还比较小众，但据说已经出现了后来居上的势头。我们邀请了也喜欢喝红茶的“咖啡代表”堀口俊英先生，前去拜访“红茶代表”矶渊猛先生的红茶专营店“汀布拉”(Dimbula)。我们试图通过比较红茶和咖啡的相同与不同之处，发掘出红茶新的魅力。

首先，以产地和特性为主，概括地介绍一下这两种饮品

矶渊　因为都是热带作物和嗜好品，所以红茶与咖啡正好可以做一个对比呢。

堀口　从商业角度来说，咖啡的市场更大(笑)。

矶渊　是啊，虽然不想承认，但咖啡的市场是红茶的10倍以上。

堀口　不过，就算是在肯尼亚或是坦桑尼亚等盛产咖啡的国家，也有经常喝红茶的人群。

矶渊　因为红茶比较便宜。

堀口　我以前去产地的时候，还想说这里的茶园还挺大的啊，但和咖啡田的面积一比就完全不值一提了(笑)。最近肯尼亚的咖啡质量算得上非常出众了。不过肯尼亚的国民还是喝红茶更多。

矶渊　肯尼亚的红茶生产大约是从五六十

矶渊猛

Isobuchi Takeshi

红茶研究家、随笔作家。开设了红茶专营店“汀布拉”。在红茶的进口销售、原创菜单开发、技术指导和开办研讨会等多个领域都极为活跃。近期发表的著作包括《红茶调配茶的知识及做法》(每日通信)、《红茶的教科书》(新星出版社)等等。
http://www.tvz.com/tea/info/

堀口俊英

Horiguchi Toshihide

“咖啡工房(HORIGUCHI)股份有限公司”的董事长。同时也是美国精品咖啡协会(SCAA)认证的咖啡品鉴评委，日本精品咖啡协会(SCAJ)认证的咖啡可持续发展委员会副委员长。近期发表的著作包括《咖啡的教科书》(新星出版社)、《拥有美味咖啡的生活》PHP研究所等。
http://kohikobo.co.jp/

年前开始的，历史还不算长。

堀□　因为以前是英国的殖民地，所以才会生产红茶吧。

矶渊　肯尼亚的红茶质量也相当不错。因为生产的历史不长，所以设备也都比较新。

堀□　肯尼亚咖啡的产量和品质也都是顶级的。

矶渊　咖啡产量最多的国家还是巴西吧？

堀□　没错。巴西是世界最大的咖啡产地。一直以来，当地的鉴定师都是把各种不同产地的咖啡混合在一起，通过买手输送到世界各地。这就是一直以来大众口中的“巴西咖啡”。但是，现在的咖啡爱好者们开始主张“想要这个茶园的这块区域生产的咖啡”，或是“不想要用国名或是大致地名来泛指的咖啡，想要享受不同地域或是茶园所特有的咖啡”，因此，“精品咖啡”这一概念逐渐地普及开来。

咖啡的味道只取决于杯中的内容。红茶则可以通过和食物的组合，使乐趣倍增。

——堀□

产地决定味道　和食物的搭配度也非常重要

矶渊　在英国，每年红茶的消耗量已经从平均每人2公斤，减少到了1.8公斤左右，所以我也考虑过怎么做才能扭转这种下降的趋势。在英国和川宁先生进行对谈时，我们也曾经提到过这个问题，最后得出的结论就是，“红茶的销售历史已经超过300年。从锡兰采购来的咖啡也卖得很好。就算喝红茶的人数有所减少，也不是什么值得忧虑的问题吧。”（笑）

堀□　从红茶的历史来说，确实是可以把心态放轻松一些呢（笑）。不过，因为星巴克的影响，日本人的关注点好像也逐渐转向咖啡了吧？

红茶是可以伴随着时间的流逝一起享用的存在。一只茶壶就可以让大家感受到幸福。

——矶渊

矶渊　现在的冰咖啡确实变得更加美味了啊。不仅饮用时的味道足够香醇，而且喝完后嘴里很快就变得清清爽爽的那种感觉也非常好。

堀口　以前的冰咖啡呢，大多是用酸味比较轻的罗布斯塔咖啡豆调配出来的。后来为了追求品质，就开始使用阿拉比卡咖啡豆，这样一来，冰咖啡的整体味道就有了提升。不同产地的味道和香气，也变得容易识别了。

矶渊　咖啡的味道好像部分取决于技术啊，比如烘焙的技术。相比之下，红茶的茶叶在产地就已经是完成的状态了，所以源自于地域环境的个性应该会更加明显。

堀口　说到和食物之间的关系的话，咖啡和红茶都是很重要的必需品。在日本也是如此。直到大约20年前，咖啡都是用餐的最后一环。红茶等都是后来才融入进来的。

矶渊　咖啡是可以对单独一杯进行评价的饮料。而红茶则是佐餐饮料，也就是说，在评价红茶时，如何搭配食物来享用也是非常重要的因素。在英国，在餐桌旁就坐后首先要来一杯红茶，吃饭时也要喝红茶，饭后还要喝红茶。从一日三餐的角度来说，就是早饭时要喝红茶，比较油腻的午饭也要搭配红茶，晚餐时要喝葡萄酒，但最后也还是要以红茶收尾。如果英国料理能伴随着红茶在全世界更加流行一些就好了（笑）。

堀口　我觉得红茶拥有能够刷新口中味道的效果啊。

矶渊　因为红茶中的丹宁酸可以分解油脂，所以可以重复体验第一口的美味感受。而且，红茶拥有自己独特的历史和文化。不过，哪个产区的大吉岭比较美味之类的话题，只有红茶专家们交谈时才会提到吧。在考虑如何进一步普及红茶的时候，我们也思考过年轻人会关心什么，最后得出的结论就是，他们喜欢咖喱、拉面和甜甜圈等食物（笑）。但红茶在年轻人中也越来越受到关注，可能主要是因为它适合搭配其他食物。

堀口先生表示"我也喜欢红茶，平时会经常喝呢。"在今天的品鉴中，他给出的评价是"汀布拉和努沃勒埃利耶应该比较符合日本人的口味"。

（上）在汀布拉的销售区，受到了堀口先生青睐的铜制水壶。它的优点是加热效率高，放水进去后很快就能烧开。
（下）他使用了专用的品鉴杯，非常享受其中品鉴的乐趣。

茶杯中的优雅世界 原点是"农作物"

矶渊　红茶最初产于中国和印度等国，而最终在英国确立了模式。最初红茶只是男性的饮料，但它逐渐与家庭联系在了一起，成为了一家团圆的象征之一。因为全家的茶水都在同一个茶壶中冲泡，所以红茶必将成为从孩子到大人都能喝的饮料。

堀口　从这点来说的话，咖啡还是更适合在咖啡店里饮用，毕竟那样才更有气氛。最近几年，咖啡"本质的味道"也变得越发明确了。

矶渊　红茶除了能代表团圆外，作为材料所拥有的可能性也更加广泛。比如它可以和水果、香草等相结合，让饮用者享受自由调配的乐趣。咖啡给人的感觉更像是成人世界的饮料。相对而言，红茶则是从儿童时期就可以饮用的饮料。

堀口　不知为什么，好像没什么人既喜欢咖啡又喜欢红茶呢。

矶渊　说到红茶的话，茶壶和茶杯往往会让人联想到优雅的感觉（笑）。但其实呢，红茶是对田地里的绿叶进行干燥、发酵，历经约15小时后得到的产品。茶园是一片一望无垠的田地，茶叶就是在这种地方被手工采摘下来的。不过，普通人是很难联想到红茶的这种感觉的。制作完成的红茶，会由各国的进口商进行采购，运送到可以储存2年产量的巨大仓库去。然后在发货前对茶叶进行混合和包装，分别装入相应的容器中。

矶渊先生同时也担任了午后红茶的顾问。他可以用简明易懂的语言，来解说深奥的红茶世界。

堀口　所以各种加工日期不同的茶叶会混杂到一起吧。

矶渊　但是，我店里的红茶是没经过混合的。因此味道和香气经常会不一样。虽然时常有人表示“上次那一批更加美味”或是“之前那批红茶不再进货了吗？”但因为茶叶是农作物，所以对这方面的问题我真的无言以对。我能做到的，只有根据茶叶生产各个环节的可追踪性与可追溯性，提供相关的信息而已。比如有季风吹过的话，茶叶就会孕育出清爽而又有刺激性的特有涩味。

饮一杯红茶。刚刚感觉到了让人舒爽的涩味，但那个味道很快又消失得无影无踪，让口腔重新恢复了清爽。这份感觉，源自采摘茶叶的人手掌的温度。热爱煎茶和抹茶的日本人，已经从基因的层面温和地接纳红茶了。

（右图）在进行茶叶鉴定时使用的木制托盘。可以轻松地品鉴出茶叶的发酵程度、颜色和香气等等。
（左图）汀布拉的实体店和网店中，都销售直接进口的茶叶。据说不光是日本的顾客，甚至还有韩国的红茶粉丝特意前来店内饮用红茶。

了解和发挥出茶叶个性的乐趣

初次享用红茶的品饮与鉴定术

无论如何都需要掌握的是，鉴别茶叶的等级。以及，对于初次享用的茶叶，在冲泡前首先要品鉴一番！

1 **OP** / Orange Pekoe
橙白毫

- 叶片长度：约10～20毫米
- 味道特征：比较柔和
- 浸泡时间：约5分钟

2 **BOPF** / Broken Orange Pekoe Fannings
碎橙白毫片茶

- 叶片长度：约1～2毫米
- 味道特征：稳定扎实
- 浸泡时间：约3分钟

3 **CTC** / Crush · Tear · Curl
"切碎—撕裂—卷曲"红茶

- 叶片长度：约1～2毫米
- 味道特征：清爽鲜明
- 浸泡时间：约2分钟

4 **FOP** / Flowery Orange Pekoe
花橙白毫

- 叶片长度：约20～30毫米
- 味道特征：温和
- 浸泡时间：约5分钟

5 **BOP** / Broken Orange Pekoe
切碎或不完整的白毫

- 叶片长度：约2～3毫米
- 味道特征：拥有芳醇的香气
- 浸泡时间：约3分钟

6 **F** / Fining
片茶

- 叶片长度：约1毫米
- 味道特征：浓郁醇厚
- 浸泡时间：约2分钟

通过品饮来了解茶叶的特性

红茶是农作物，因此它的味道会受到环境和气候条件的影响。此外，从红茶的生产和流通过程来看，它的味道也不会固定不变。因此，在获得茶叶后，首先要做的事情，就是确认茶叶的性质。在了解每种茶叶固有的味道后，再去考虑是采用清饮法，还是制作成奶茶，或者采用其他的调制方法。有了这个“确认”的过程，才算得上是理想的享用红茶的方式。

为此，我们首先需要对茶叶的等级有一定的了解。从红茶的角度来说，这里所说的等级，指的并不是茶叶的品质或特性，而是用来区分茶叶叶片长度的基准。红茶的主要等级，按照茶叶的叶片长度顺序来看的话，就是橙白毫、碎橙白毫片茶等等。类似于这样的叶片长度，将直接关系到红茶的浸泡时间的长短和味道的浓淡。

品鉴红茶的香气、味道和茶汤颜色

通过品茶来了解其个性

在理解了茶叶等级的划分后，就要进入品茶阶段了。下面为大家介绍只使用茶壶和茶杯，在家中就可以完成的品茶方法。

通常的（专业）品茶流程

1 ┆ 加入茶叶

使用专用的品茶杯。茶叶的重量约为3克。称重的时候要使用天平等器具。在家中的话，使用电子秤等工具，就可以准确地测量出重量。

2 ┆ 注入约150毫升的开水

水要使用新鲜的自来水。原则上来说，鉴定时都要使用当地的水源。如果从比较高的位置向下倒热水，就可以使水中含有更充足的氧元素，从而获得理想的品鉴效果。

3 ┆ 焖泡3分钟

使用专用的盖子来进行焖泡。这时为了确保焖泡时间准确，需要使用计时器。在此期间，茶叶会在杯子中形成跳跃现象。

4 ┆ 把茶杯放置在碗中

用手按住焖泡杯的盖子，将其整个放置到大碗中，将红茶滤出。在需要同时冲泡好几杯红茶的时候，可以一直将茶杯放置在大碗中，等待浸泡时间结束。

专栏　如果没有专用的茶具，也可以用3个茶杯来代替

1 ┆ 准备道具

在家中进行品鉴时，要使用茶壶和3个茶杯。还要准备约350毫升开水，5克茶叶。

2 ┆ 注入第一个茶杯

在茶壶中加入茶叶，注入95～98℃的开水。焖泡3分钟后，倒入第一个茶杯中。

3 ┆ 注入第二个茶杯

进一步焖泡3分钟后，再将红茶倒入第二个茶杯中。

要点

最后的一滴
是关键！！

最后落下的那滴水，被称为“最佳水滴”。因为那里面充分地包含了红茶的精华，所以要耐心地等待，直至最后一滴都切实地滴落下来。

用来品饮的红茶泡好后，要用勺子舀起来，和空气一起吮吸入口中。在进行品茶时，要发出声音来才比较理想。

4 ┆ 注入第三个茶杯

再经过3～4分钟后，把红茶注入第三个茶杯，要注意让最后一滴都切实滴落下来。

5 ┆ 进行鉴定

通过第一杯茶来品鉴香气，通过第二杯茶来品鉴茶汤颜色和味道，通过第三杯茶来品鉴涩味。

评价红茶的味道和香气的关键词

花香

像花朵般的芳香。用来形容让人联想到玫瑰或是紫罗兰的浓郁香气。

草香

像青草般青涩的芳香。如果茶叶的发酵程度比较低，就会使红茶拥有类似于绿茶的青涩香气。

果香

水果的芳香。可以用来形容添加了柑橘、麝香葡萄、青苹果等水果的茶的香气。

烟熏香

类似于对落叶进行熏制时的香气。

涩味

如果儿茶素成分在茶叶中占比较大的话，饮用时就会感觉到涩味。

余韵

用来形容在喝完茶之后，红茶的味道或是香气还会残存在口中的感觉。

爽快

用来形容喝完后不会感觉到余韵，口腔内很快就会变得清爽的感觉。

从红茶与绿茶的差异开始着手

红茶，基础中的基础

无论是红茶、绿茶还是乌龙茶，追根溯源的话都是长在同一种树木上的。那么它们在香气和味道上的差别是如何产生的呢？了解了这些，就可以更深入地去品味“茶”。

红茶的产地和“茶叶之路”

这幅地图，标注着约1930年时的茶叶产地。将发源于中国的茶叶传播到全世界的道路，被称为“茶叶之路”，这也是已在世界各国扎根的品茶文化的根源所在。据说，茶叶最初是在公元9世纪左右的日本平安时代初期，由遣唐使传播到日本的。在那之后，通过连接东西方贸易而盛极一时的“丝绸之路”，以及近代所出现的海上通道，茶叶在欧洲以及美洲大陆也普及开来。随后在英国发端的红茶文化，也逐渐传播到了世界各地。

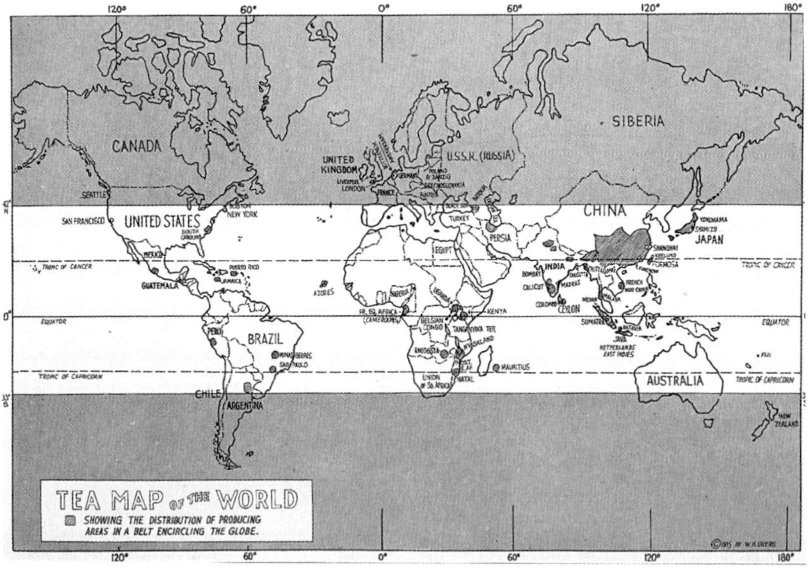

编者按：此地图仅为1930年茶叶产地示意图

无论是红茶还是绿茶，都是从“茶树”上长出来的

红茶的原料来自于“茶树”，它的学名是“野茶树”，是一种山茶科的灌木。其实不光是红茶，绿茶和乌龙茶的原料也同样来自这种树木。这一点想必会让不少人都感到吃惊吧？但是，3种茶叶又确实分别拥有不同的香气和味道，这些差异到底是因为什么而形成的呢？答案就是，制茶方法的不同。具体说就是发酵程度的不同。发酵程度的差异会让茶叶的味道和香气都变得大不一样。

日本茶属于不发酵茶，是完全不进行发酵的类型。而红茶属于完全发酵茶，制作时需要完全发酵茶叶，才能够孕育出那种味道。乌龙茶属于半发酵茶，恰好介于以上两者之间，需要在茶叶的发酵过程未完成时便终止发酵。发酵程度的差异，造就了不同的茶。

要点

能够产出茶叶原材料的茶树，主要包括两个品种。

[印度种]

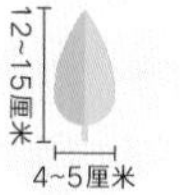

这种茶叶也被称为“阿萨姆种”，非常适合用来制作红茶。其叶片的长度大约是中国种的2倍，表面凹凸不平，纤维也比较粗。叶片前端尖锐，颜色是淡绿色。印度种在寒冷的地区无法生长，只能在热带地区进行栽培。因为沐浴了热带地区的强烈日光，印度种会生成丹宁酸，形成红茶独特的涩味。

红茶属于完全发酵茶

经过了完全的发酵，颜色变得发黑的茶叶。拥有其他茶叶所没有的浓郁度和涩味，会释放出诱人的香气。

乌龙茶属于半发酵茶

在茶叶的发酵过程未完成时便终止发酵，也就是只经过了较短发酵的茶叶。茶叶和茶汤的颜色，介于绿茶和红茶的中间色。

日本茶属于不发酵茶

通过“蒸青”等手法，阻止茶叶中的氧化酶发挥作用，使茶叶并不进行发酵。茶叶和茶汤的颜色都会呈现出绿色。

[中国种]

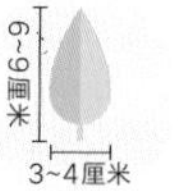

叶片表面相当光滑，且叶片比较小，大约只有印度种的一半那么大。叶片颜色比较重，前端较为圆润。因为中国种的特征是耐寒，所以日本栽培的茶树就是中国种。虽然是适合制作绿茶的品种，但也孕育出了大吉岭和祁门等世界级顶级红茶。

而即使都是红茶，茶树生长地域的气候条件、采摘方法的不同，也会改变茶叶中涩味、苦味和甜味的比例。

茶叶的原产地是中国，有一种说法认为，最早的茶叶是在跨越了现在云南省和西藏自治区的横断山脉高地上孕育出来的，此外也有人认为中国东南部的山岳地带才是茶叶的发源地。虽然日本的茶树通常会给人留下比较矮小的印象，实际上大的茶树的高度甚至能超过10米。只不过长到这个程度的话，茶叶采摘就会变得很费事，所以一般茶农会对茶树进行修剪，避免其长得太高。

如果粗略划分一下的话，茶树可以分为印度种和中国种，印度种也被称为阿萨姆种。叶片的特征是前端尖锐，且比较大，叶片表面凹凸不平，纤维也比较粗。印度种是孕育出多种茗茶的品种。并且正如它们的名称那样，在印度的阿萨姆地区、尼尔吉里地区和斯里兰卡等著名的红茶产地，印

茶的分类表

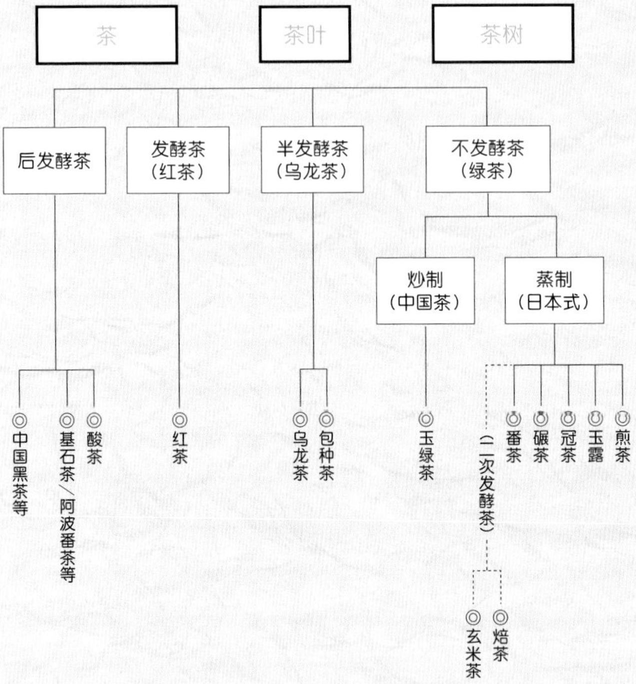

以茶叶为原料制作成的产品，包括日本茶、红茶和乌龙茶等。日本茶属于未经发酵的不发酵茶，而将茶叶进行完全发酵可制成红茶，进行半发酵可制成乌龙茶。日本茶中，也存在着可以通过较短时间的发酵，而拥有类似红茶的香味的品种，而且这样的品种近年来极具人气。在这里，我们会为大家归纳整理一下，让大家了解一下贴近日常生活却又相当深奥的茶的世界。

度种都得到了大面积的种植。

和阿萨姆种相比，中国种的特征是叶片比较小，前端较为圆润。叶子表面比较光滑，颜色也比较深。相对于中国种来说，阿萨姆种的叶子颜色是比较淡的绿色。中国种拥有相当不错的耐寒性，其代表性产地是印度的大吉岭地区和中国的祁门地区。

我们来简单地追溯一下茶的历史吧。据说，茶树的栽培始于公元4世纪左右，至中国唐朝时期，茶叶已经成为了上流社会的嗜好品。之后，茶叶又通过丝绸之路经中国西藏运送到中东、近东和印度等地区和国家，并由遣唐使传入了日本。到了17世纪后，荷兰商人促进了欧洲的茶叶贸易热潮。他们在与日本的贸易往来中带回了绿茶，绿茶因此在荷兰的贵族阶层流行了起来，并逐渐进入英国，拥有极高的人气。18世纪中期，绿茶和红茶的人气出现逆转，而且红茶的市场扩展到了美国。由此，红茶文化也进入了百花齐放的新时代。

茶叶的个性是由地域决定的

红茶的产地

由于产地的不同，红茶会在香气和味道上出现差异。在想要挑选合乎心意的红茶时，捷径之一就是去了解茶叶的产地。

目 录

118 印度

118 大吉岭 Darjeeling
120 阿萨姆 Assam
122 尼尔吉里 Nilgiris

123 斯里兰卡

123 汀布拉 Dimbula
124 乌瓦 Uva
126 努沃勒埃利耶 Nuwaraeria
128 卢哈纳 Kandy
129 康提 Ruhuna

130 中国

132 肯尼亚

133 爪哇

134 日本

印度

别名“茶中香槟”，是很有代表性的知名品种之一。为了避免损害独特的气候条件所孕育出的特有香味，要通过细致的微发酵来进行制作。

大吉岭 Darjeeling

独特的气候条件所孕育出的独一无二的香味

大吉岭不仅是红茶代表性的知名品种，也是唯一一种在印度成功栽培出来的中国种茶叶。大吉岭位于西孟加拉邦的最北部，不少高地的海拔甚至到达了2,300米，就连茶园也是在300 ~ 2,200米的险峻斜坡上延展开来的。

因为白天和夜晚的温差非常大，大吉岭地区每天都会起好几次雾。在印度国境延伸到尼泊尔东部的喜马拉雅山脉核心区域中，从干城章嘉峰吹来的风会吹散雾气，让天空放晴。这样一来，湿漉漉的茶叶会被日光晒干，然后雾气又再次出现。大吉岭的气候环境，就像这样经历着雾气反复出现的过程。而这样的环境，可以孕育出特有的香气。红茶的制法，基本上采取正统派的方法。为了避免失去特有的香味，揉捻及发酵时要使用茶叶揉捻机。

这里的茶叶1年可以采摘4次，优质的茶叶则是出自下文介绍的3个季节中。

茶叶 1

蕾帕拉茶园
春摘茶

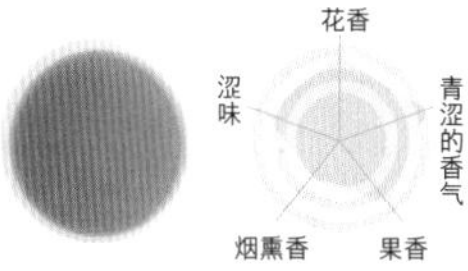

信息

味道特征	▶ 爽适而又有刺激性的涩味
浸泡时间	▶ 约5分钟
推荐的饮用方式	▶ 清饮

因为英国王室御用而受到瞩目的蕾帕拉茶园，会在春季的3—4月进行第一次采摘。而这种春摘茶，也是红茶粉丝无比向往的逸品。其茶汤颜色虽然是淡橙色，透明度却很高，同时还拥有让人联想到麝香葡萄或是青苹果的水果般的甜美香气。此外，它还具备了仿佛绿茶一般的青嫩的新鲜感。

茶叶 2

蕾帕拉茶园
夏摘茶

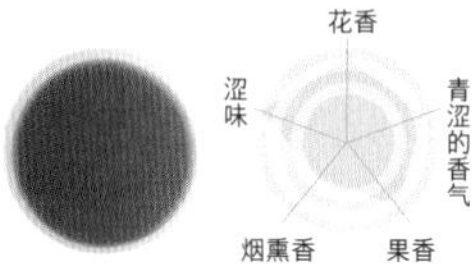

信息

浸泡时间	▶ 清烈的涩味
浸泡时间	▶ 约5分钟
推荐的饮用方式	▶ 清饮、奶茶

这是在蕾帕拉茶园中，在5—6月左右采摘下来的茶叶。它具备深厚强烈的涩味，拥有仿佛成熟水果般的强烈香气。橙红色的汤色相当美丽，透明度也出类拔萃。在麝香葡萄般的水果味香气中，还掺杂了让人联想到薄荷的清爽苦味。虽然清饮也很美味，不过在酷暑逐渐消散，已经能感觉到秋意的时节，把它制作成奶茶应该也会是个很不错的选择。

茶叶 3

蕾帕拉茶园
秋摘茶

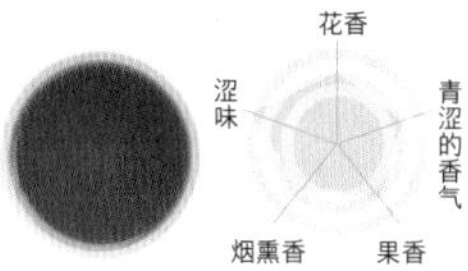

信息

味道特征	▶ 浓厚而强烈的涩味
浸泡时间	▶ 约5分钟
推荐的饮用方式	▶ 奶茶

蕾帕拉茶园的秋摘茶也非常棒。在9—10月采摘下来的茶叶，拥有浓郁厚重的强烈涩味。对于喝惯了红茶的人而言，这种味道可以说是相当符合他们口味的。茶汤颜色中的红色比较深，外表看起来就相当美丽。它在香气上的特征是介乎麝香葡萄和苹果的香气之间，还能让人感受到少许落叶的香气。总而言之，就是混杂了各种不同元素的成年人风格的香气。

调配方法

通过手工制作的茶包来享受调配茶①

大吉岭+糖果茶+绿茶（比例根据个人口味而定）。这种调配茶可以更好地烘托出大吉岭所拥有的果香。通过糖果茶来缓和大吉岭那种清烈的涩味，再添加上绿茶鲜嫩青涩的草香。这样普通的大吉岭就摇身一变成为了特级大吉岭。

印度

阿萨姆的红茶拥有甘甜的香气，深橙色的茶汤颜色也十分美丽。印度支撑着全世界将近一半的红茶产量，而正是阿萨姆广阔的平原上延展开来的茶园支撑着印度的红茶产业。

阿萨姆 Assam

香气、颜色都相当浓厚 非常适合用来制作恰依茶的茗茶

阿萨姆地区位于喜马拉雅山脉的山麓处，湿润的季风给这里带来了充沛的雨量。此外，因为茶园位于河流的南部，来自于河流的水蒸气也会让茶叶变得湿润。这种水量造就了独特的涩味，这也是阿萨姆地区茶叶的重要特征之一。而茶园中还有一种很特别的景色，就是随处可见的，为了缓和日照而种植的遮荫树木。

全世界红茶产量的一半都来自印度，而这其中阿萨姆地区的产量又占据了印度的一半。而且由于阿萨姆茶叶是“恰依茶”的主要原料，因此它在印度国内的消耗量也非常高。为了满足这样的需求量，90%以上的阿萨姆茶叶都采用了CTC制法。叶片的长度可达14 ~ 15厘米左右。手工采摘的话，1天可以收获30千克。制作这个品种的关键之处，就在于先用洛托凡转子机将茶叶切碎，再放进CTC机，并且发酵时间比较短。

茶叶 1

杜夫拉丁 FOP

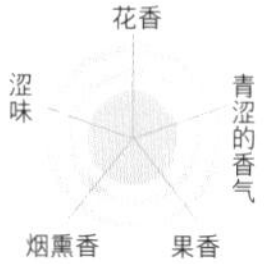

信息

味道特征	▶ 温和的涩味
浸泡时间	▶ 约5分钟
推荐的饮用方式	▶ 清饮

因为是用全叶来制茶，温和的甜味与让人舒适的涩味别有一番魅力。茶汤颜色比较淡，是偏橙色的红色。拥有强烈的秋天落叶般的发酵香气，但同时也带有少许的果香。最好用5分钟左右的时间进行充分的浸泡。

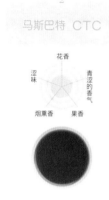

茶叶 2

马斯巴特 CTC

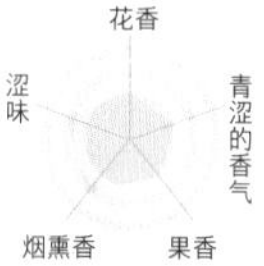

信息

味道特征	▶ 蕴含着少许甜味的涩味
浸泡时间	▶ 约3分钟
推荐的饮用方式	▶ 奶茶

这是一款CTC加工茶，浸泡时间比较短。浸泡3分钟左右，就可以得到浓厚而又带有强烈涩味的红茶。虽然汤色是发黑的深红色，但是味道并没有看起来那么浓郁，香气也比较淡。可以说这是一种没什么特殊味道的红茶。因为容易入口，很适合用来制作奶茶。

调配方法

用阿萨姆制作的混合热饮

巧克力朗姆酒的混合饮料

1 用茶壶来冲泡红茶。

2 加入20克液体巧克力。

3 在步骤2的杯子中加入30毫升低温杀菌牛奶。

4 在步骤3的杯子中加入20毫升朗姆酒。

5 边用搅拌棒来进行调和，边按照个人喜好倒入适量的红茶。

印度

在全面更新工厂设备后，加工茶的品质也有了显著的提高。虽然主要生产CTC茶，但目前为配合海外需求而生产的OP类型茶人气也在不断攀升。

尼尔吉里 Nilgiris

茶叶 1

查姆吉茶园 FOP

信息

味道特征	▶ 爽快流畅的轻淡口感
浸泡时间	▶ 约5分钟
推荐的饮用方式	▶ 清饮

涩味较轻，不是很浓郁，喝起来容易入口，茶汤颜色是比较偏橙色的红色，透明度很高。拥有柔和甘甜的水果般香气。

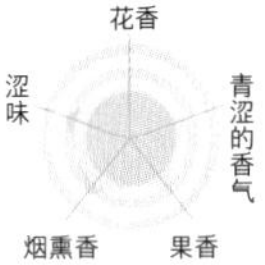

茶叶 2

科塔里兹 CTC

信息

味道特征	▶ 比较浓郁，涩味中含有一定的甜味
浸泡时间	▶ 约2分钟
推荐的饮用方式	▶ 奶茶

香气和茶汤颜色都极为浓厚。涩味也比较强，也没有什么鲜明的特征，所以算是正统派的红茶。适合用来制作奶茶或恰依茶。

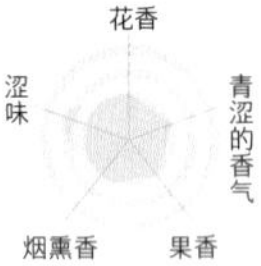

丘陵地带培育出的红茶中的“万能选手”

尼尔吉里位于印度南部的泰米尔纳德邦。是与大吉岭、阿萨姆齐名的印度红茶三大产地之一。尼尔吉里的茶园，分布在高原中地势平缓的丘陵地带。这些地带在白天也经常出现雾气，气温相当低。由于位置接近斯里兰卡，气候有相同之处，因此尼尔吉里培育出的茶叶和斯里兰卡红茶颇为相似，味道上也有共通之处。尼尔吉里的茶叶，长处就在于没有什么鲜明的特征。它虽不像大吉岭或阿萨姆那样拥有突出的个性，但这种“中立”的感觉，也可以算是一种个性吧。尼尔吉里茶叶的用途非常广泛，世界各地都广泛使用它来制作调配茶，或是充当调味茶的基底。

近5年来，尼尔吉里的工厂设备获得了全面的更新。虽然主流生产方式还是采取CTC制法，但在收到订单时，或是感觉可以制作出香味出众的茶叶时，也会频繁生产OP类型的茶叶。

斯里兰卡

汀布拉位于斯里兰卡中央山岳地带的西南部。这里一直在稳定地向世界各地输出拥有花香和果香的红茶。

汀布拉 Dimbula

茶叶 1

最佳季节的汀布拉

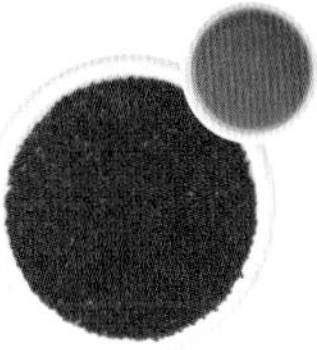

信息

味道特征 ▶	感觉舒适而又强烈的涩味，少许的甘甜
浸泡时间 ▶	约3分钟
推荐的饮用方式 ▶	清饮、奶茶

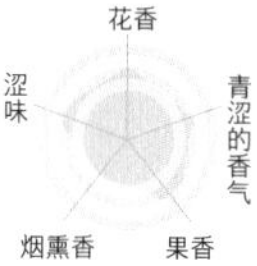

受季风影响的应季茶叶，除了玫瑰般的香气，还有让人舒适的涩味。这款茶叶的品质是最高级别的。

茶叶 2

汀布拉 BOP

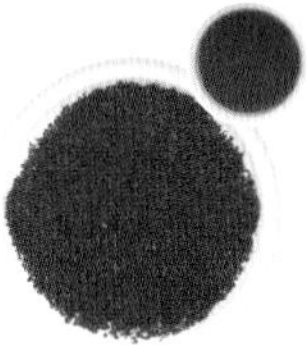

信息

味道特征 ▶	清爽的涩味，深受大众喜欢
浸泡时间 ▶	约3分钟
推荐的饮用方式 ▶	清饮、奶茶

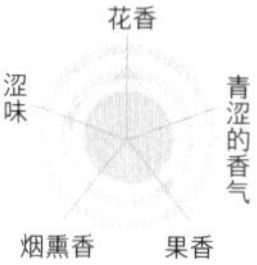

除了“最佳季节的汀布拉”，其他季节汀布拉显得没有什么个性，但是在易于入口的方面堪称第一。

前途值得期待
味道温和的汀布拉

汀布拉位于斯里兰卡的中央山岳地带，全年都会产出品质稳定的茶叶。虽然多少也会受到季风的影响，不过茶叶的生长状况并不会有太大的变化。尽管汀布拉位于海拔1,200 ~ 1,600米的高地上，但是这里白天的气温有时会攀升到30℃左右。汀布拉茶叶的特色，就是没有鲜明的个性，所以用它来制作调配茶或是调味茶的话，成品可以拥有丰富的变化。当然，因为汀布拉味道温和，直接清饮也是不错的选择。

在等级方面，汀布拉茶叶以传统的BOP类型为主，不过近年来用于袋泡茶的CTC类型也有所增加。每年有季风吹过的1—2月份一般被视为旺季，这时汀布拉产出的茶叶品质最高，拥有让人联想到玫瑰的香气和强烈的涩味。而在其他月份中，汀布拉也能产出品质稳定的茶叶。

斯里兰卡

乌瓦茶和大吉岭、祁门被并称为“世界三大茗茶”。虽然容易受到气候条件的左右，但是当地人在栽培上的用心，让乌瓦茶拥有了压倒性的人气。

乌瓦茶 Uva

适合搭配牛奶享受的“世界三大茗茶”

乌瓦茶在奶茶界极有人气。乌瓦茶的茶园位于面向孟加拉湾的山岳地带，茶田沿着溪谷在斜坡上延展开来。其面积和尼尔吉里大致相同，都是约3.5万公顷，海拔则在1,400 ~ 1,700米左右。那里的气候环境和大吉岭比较相似，进入七八月份后，从印度洋吹来的干冷的季风，会吹走雾气，让茶叶骤然变得干燥起来。而正是这样的条件，孕育出了乌瓦茶特有的果香、刺激性的涩味，以及浓重的茶汤颜色。

如同大多数的斯里兰卡红茶一样，乌瓦茶绝大部分的茶叶，都是用正统派的制法制作出来的。也可以说，正是由于乌瓦茶产地位于山岳地带，无法开拓出更多的茶田，不适合进行大批量生产的传统制法才被保留了下来。

乌瓦茶一年四季都可以进行采摘。品质最佳的时期是7—8月。

茶叶 1

最佳季节的 春摘茶

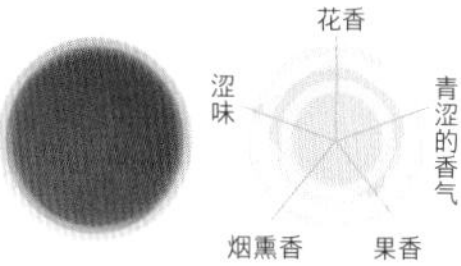

信息

味道特征	▶ 强烈的涩味
浸泡时间	▶ 约3分钟
推荐的饮用方式	▶ 清饮、奶茶

最佳季节的乌瓦茶极具人气，因为受到了7—8月吹来的季风的影响，制作出来的红茶带有爽快而又富有刺激性的涩味。由于乌瓦茶品质最佳的季节是旱季，降雨量比较少，所以茶的产量也变得稀少。但这个季节出产的茶叶却拥有最佳的品质。它的茶汤颜色是略偏橙色的淡红色，不仅色泽美丽，透明度也很高。在水果味的甜美香气中，还包含着薄荷般的爽快清新的香气。

茶叶 2

乌瓦 FOP

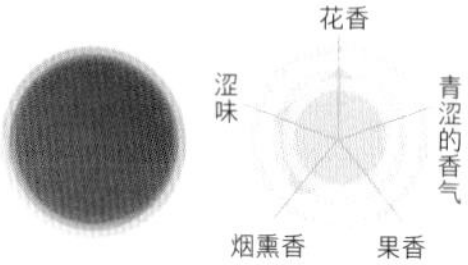

信息

味道特征	▶ 柔和的涩味
浸泡时间	▶ 约5分钟
推荐的饮用方式	▶ 清饮

因为将茶叶的形状处理得比较大，可以制作出涩味比较淡的温和口味。它的茶汤颜色是略偏橙色的淡红色，会给人留下柔美的印象。茶叶的香气中包含着少许类似于玫瑰的甘甜感，同时也具备了红茶特色的正统派香气。在进入七八月后，从印度洋吹来的干冷季风会吹散雾气，让茶叶骤然变得干燥起来。这种气候条件，是这款乌瓦茶出色的茶汤颜色与香气的成因之一。

茶叶 3

乌瓦 BOP

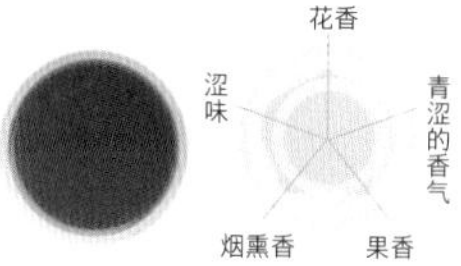

信息

味道特征	▶ 浓强的涩味
浸泡时间	▶ 约3分钟
推荐的饮用方式	▶ 奶茶

很有斯里兰卡红茶特色的BOP类型。乌瓦茶的长处就在于强烈的涩味，因此它非常适合制作成BOP类型的茶叶。这里的茶叶涩味很强，能让人感觉到经过了充分的发酵。除了涩味以外，它还拥有扎实浓郁的味道，相当符合红茶爱好者们的口味。它的茶汤呈现出偏橙色的明亮颜色，而且还带有一定的深红色光泽。因为类似于玫瑰的香气比较强烈，所以总体而言，它的香气是以甘甜风格为主的。

调配方法

用乌瓦制作的混合热饮

柑橘
梅酒

1 将柑橘切片，在杯子中加入适量的梅酒。

2 在步骤1的杯子中根据个人喜好加入适量的红茶。

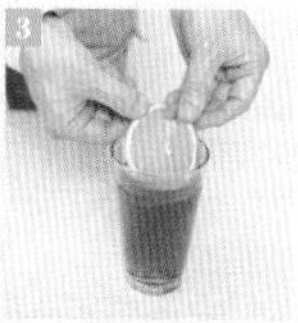

3 在杯子中装饰上柑橘片，即成。

斯里兰卡

位于斯里兰卡国内也算是海拔最高处的“天空茶园”。虽然全天早晚的温差会孕育出涩味，但是由于气候变动温和，茶叶的品质也比较稳定。

努沃勒埃利耶 Nuwaraeria

清爽的香气
适合用清饮的方式来享受

努沃勒埃利耶位于斯里兰卡的中南部。海拔高达1,800米，是斯里兰卡国内海拔最高的红茶产地。基本上所有努沃勒埃利耶茶园所处的海拔都超过了1,700米。由于这里一年四季的气候变动比较温和，制茶技术也有所革新，现在的努沃勒埃利耶茶叶已经具备了稳定的质量和产量。

努沃勒埃利耶茶叶的主体是采用了正统派制法的BOP类型，不过也在进行着其他的尝试。比如制作发酵进度缓慢的OP类型，或是将60分钟左右完全发酵的时间，缩短到15 ~ 20分钟等等。总之，努沃勒埃利耶茶区为了抑制红茶的涩味，追求良好的平衡性，一直在进行各种各样的努力。

虽然近年来，世界各地纷纷引进了可以进行大批量生产的CTC制法，但和大吉岭地区一样，努沃勒埃利耶地区直到现在仍基本遵循着很久以前的制茶流程，并没有引进CTC制法的打算。

茶叶 1

最佳季节的

努沃勒埃利耶

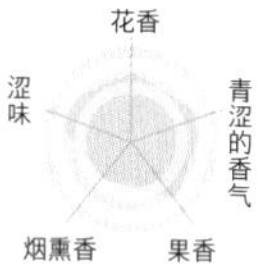

信息

味道特征	▶ 爽适、鲜浓的涩味
浸泡时间	▶ 约3分钟
推荐的饮用方式	▶ 清饮

最佳的季节是1—2月。因为受到了季风的影响，这种红茶的味道和香气都相当浓郁。有适度的鲜浓涩味，茶汤颜色是比较浅淡的橙色。因为制作成奶茶的话会太过淡薄，所以建议大家采用清饮法来品尝。整体来说会给人以清爽的印象。

茶叶 2

努沃勒埃利耶 BOP

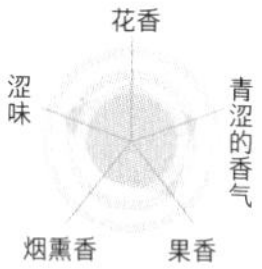

信息

味道特征	▶ 爽利而又浓烈的涩味
浸泡时间	▶ 约3分钟
推荐的饮用方式	▶ 清饮

虽然最佳季节的努沃勒埃利耶茶更加宝贵，但是其他季节的茶叶，也可以制作出春天般的青嫩草香来。努沃勒埃利耶BOP拥有爽快而又浓烈的涩味，茶汤颜色是偏橙色的淡红色。它的香气在拥有强烈的青嫩感的同时，也饱含着带有花香的鲜甜。

调配方法

通过手工制作的茶包来享受调配茶②

花朵
大吉岭

大吉岭+努沃勒埃利耶+柠檬草+薄荷（比例根据个人口味而定）。这样可以让大吉岭那种仿佛将苹果和薄荷混合为一体的清新味道，被很好地烘托出来。努沃勒埃利耶缓和了大吉岭容易让人先入为主的涩味，薄荷则为茶叶添加了鲜爽的感觉。苹果味的香气也极具魅力。

斯里兰卡

由于苦味较轻而受到大众喜爱的味道，在热饮和冰饮方面都非常适合。因为冲泡方法简单，味道稳定，康提可以说是红茶中的“万能选手”。

康提 Kandy

茶叶 1 中地 康提茶

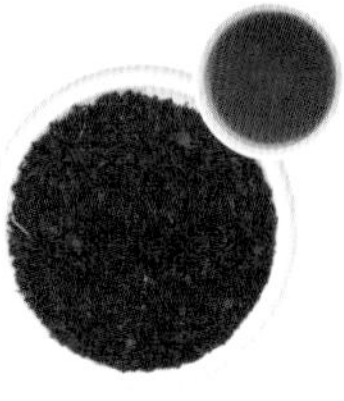

信息

味道特征	▶ 涩味比较柔和，口感清爽，容易入口
浸泡时间	▶ 约3分钟
推荐的饮用方式	▶ 清饮、奶茶

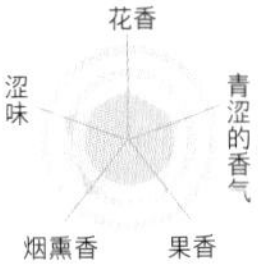

当产地的海拔超过600米，茶叶就变成了中地栽培茶，其浓郁的涩味和让人舒畅的口感都会增强。中地茶的茶汤颜色也非常吸引人。

茶叶 2 低地 康提茶

信息

味道特征	▶ 涩味较轻，口感清爽
浸泡时间	▶ 约3分钟
推荐的饮用方式	▶ 清饮、奶茶、冰茶

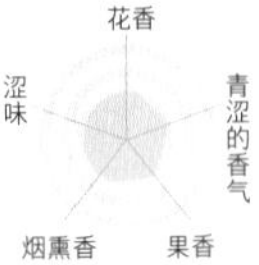

在海拔600米以下的地区栽培出来的康提红茶，几乎没有什么风味和个性。涩味较轻，香气也比较淡薄。茶汤颜色是深红色。

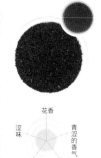

虽然个性比较弱，但是仿佛会发光般的茶汤颜色极具魅力

康提红茶的产地位于斯里兰卡的中央地带，海拔约为600～800米，在斯里兰卡的主要产区中仅仅高于卢哈纳，这里难以受到季风的影响，一年四季的气候变化较小。因此康提红茶在品质和产量上都相当稳定，也越来越受到世界各地的关注。

但是，由于这样的气候环境很难孕育出突出的个性，所以康提红茶没有什么显著的特点。但在制作调配茶或是变化丰富的多种茶叶时，康提红茶就可以算是最合适的茶叶了。此外，由于康提茶叶中会产生涩味的丹宁酸含量较少，所以不论是谁都可以冲泡出美味的红茶来。而且因为冷却后也不太容易变浑浊，所以康提茶叶还很适合用来制作冰茶。

康提红茶的类型，基本上以BOP为主。为了保持住温和的个性，康提红茶在制茶阶段的关键点，就是对发酵的进度，以及完成后茶叶的大小进行调整。

斯里兰卡

卢哈纳是可以代表红茶大国斯里兰卡的五大茶园之一。它的名称来自于曾经的王国名字，是发酵充足、口感强烈的红茶。

卢哈纳 Ruhuna

茶叶1 卢哈纳 FBOP

信息

味道特征	▶ 略甜的醇厚味道
浸泡时间	▶ 约3分钟
推荐的饮用方式	▶ 清饮、奶茶

由于发酵充分，茶叶是黑色的。虽然是低地栽培茶，但加入了很多芽的部分，因此花香也比较强烈。

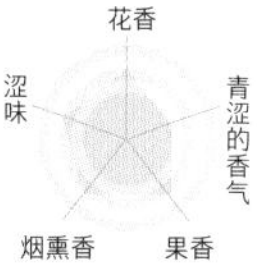

茶叶2 卢哈纳 BOP

信息

味道特征	▶ 醇厚味道，带有鲜浓的涩味
浸泡时间	▶ 约3分钟
推荐的饮用方式	▶ 奶茶

因为充足的发酵而具备厚重感。味道浓郁，同时具备了涩味和甜味。其花果香的味道让人感觉十分舒适。

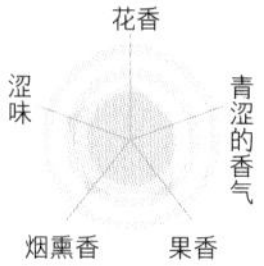

大片的茶叶、充足的发酵孕育出口感出类拔萃的红茶

卢哈纳红茶的产地位于现在被称为萨巴加穆瓦省，斯里兰卡最南端的地带。这里的海拔高度约为200 ~ 400米，在斯里兰卡算是地势最低的地区，因此气候变化也相当小。但是由于这里的气温比较高，茶叶叶片的大小会是在海拔高地区生长的茶叶的2倍。因此在揉捻中出现的大量叶子汁液会促进发酵，孕育出以厚重的涩味、烟熏香和浓重的茶汤颜色为特色的卢哈纳红茶。

卢哈纳红茶以BOP类型为主。不过它的茶叶往往比普通的BOP的茶叶要大一些。如果茶叶比较小，在冲泡时丹宁酸会被大量提取出来，让涩味变得更加强烈。如果茶叶比较大，就可以引导出甜味和浓厚的味道，让它们和涩味之间达到良好的平衡。正统派制法的特色之一，就是发酵时间比较长。

中国

被誉为“世界三大茗茶”之一的祁门红茶。曾获得英国王室御用品牌认证，是充满了东方魅力的红茶。

祁门 Keemun

让英国人着迷的东方式芳香

中国红茶的代表性产地，是在中国东南部山脉的周边延展开来的。因为地处亚热带地区，这里一年四季的平均气温比较高，而且每年有200天左右都会降雨，在靠近山脉的区域，白天和早晚之间的温差也相当大。这样的气候及风土条件相当适合栽培红茶，但与印度及斯里兰卡相比，祁门红茶的味道又自成一格，别具特色。

祁门红茶虽被誉为“世界三大茗茶”之一，在中国本土的消耗量却并不大，基本上都是用来出口的。它的优点就是拥有会让人联想到蜂蜜或是兰花的东方式香气，而这也是让英国人为之着迷的元素。此外，祁门红茶还兼具了浓厚的涩味与甜度。

为了最大限度地发挥出它独特的香味，祁门红茶是OP类型。祁门红茶每年大致可以采摘4 ～ 5次，其中以4—5月份收获的茶叶品质最佳。因此，茶叶采摘活动主要都是在这两个月份进行的。虽然祁门红茶基本上采用的都是正统派制法，但如同它“工夫红茶”的别名那样，制作工序繁多也是它的一大特征。

茶叶 1

特级祁门

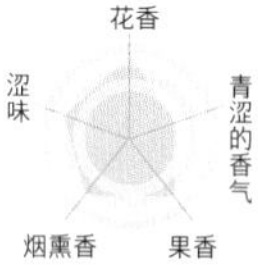

信息

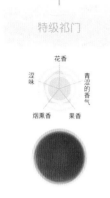

味道特征 ▶	涩味温柔，有淡淡的甜味，口感清爽
浸泡时间 ▶	约5分钟
推荐的饮用方式 ▶	奶茶

特级祁门拥有扎实稳定的味道，适合搭配各种不同的料理。因为制茶时是以春季的头茬茶为主料，所以叶子比较多。它的茶汤颜色是深红色，透明度极高。东方式的甘甜香气极具魅力，让人联想到蜂蜜或是兰花。

茶叶 2

高级祁门

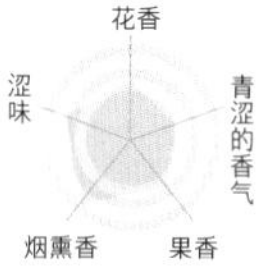

信息

味道特征 ▶	厚重的味道，醇厚的涩味。
浸泡时间 ▶	约5分钟
推荐的饮用方式 ▶	奶茶

高级祁门指的是早春的头茬茶采摘结束后，第二茬以后的量产茶叶。它拥有厚重的味道和浓郁的涩味，茶汤颜色是稍偏黑的深红色。因为拥有发酵后烟熏般的成熟香气，被英国人誉为"东方的神秘芳香"，受到了热烈的追捧。

调配方法

向调配热红茶发起挑战①

坚果茶

1

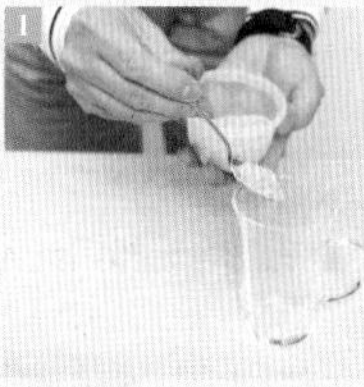

在杯子中加入1/2茶匙的坚果碎（这里我们建议使用花生碎）。

2

将合乎自己口味的红茶倒入步骤1中的杯子里。因为丹宁酸含量较少，茶汤芳香宜人，容易入口。

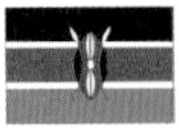

肯尼亚

在2005年的统计中，肯尼亚超过斯里兰卡，红茶产量跃居至世界第三位。这里的工厂设备经过了全面更新，可以不断生产出高品质的红茶。

属于正统派却又可以自由调制的红茶

肯尼亚海拔较高，茶田基本都位于海拔1,500～2,700米的高地上。当地气候比较凉爽，最高气温仅有25℃左右。虽然每年都有一次雨季和一次旱季，但肯尼亚红茶还是拥有引以为傲的稳定品质。

肯尼亚红茶的等级基本都是CTC类型。在20世纪60年代左右，制茶技术的机械化开始普及到全世界，肯尼亚引进了CTC的机器，其红茶产业也迅速振兴起来。肯尼亚红茶的特征是口感温和，因此不仅适合清饮及制作奶茶，还可以进行丰富多样的调制。

茶叶 1

CTC BOP

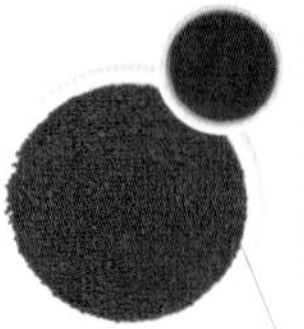

信息

味道特征	▶ 带有厚重强烈的涩味
浸泡时间	▶ 约2分钟
推荐的饮用方式	▶ 奶茶

茶粒细碎，且拥有浓厚强烈的涩味。因为不容易维持住形状，所以通常都是用来制作袋泡茶。它的茶汤颜色是接近于黑色的深红色。拥有发酵后的红茶特有的香气。

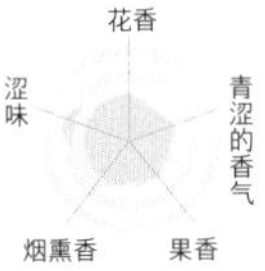

茶叶 2

CTC OF

信息

味道特征	▶ 涩味较轻，口感清爽
浸泡时间	▶ 约2分钟
推荐的饮用方式	▶ 清饮、奶茶

在CTC中算是茶粒较大的类型，拥有柔和的涩味与甜味。它的茶汤颜色是透明的深红色。味道属于正统派，个性比较弱。

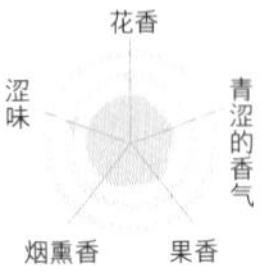

爪哇

印度尼西亚的红茶全都处于国家的管理下，因此能够保持极高的品质。虽然爪哇红茶没有什么显著的特征，但口感很好，也是堪称“万能选手”的优质出口产品。

作为斯里兰卡红茶的“优秀替身”而受到期待

爪哇岛的面积大约是日本北海道的1.5倍。红茶是在西爪哇的高原上生产出来的。茶田就分布在海拔超过1,500米，但相对来说比较平坦的土地上。

爪哇和斯里兰卡在气候风土条件上比较相似，因此爪哇红茶的味道和香气也与斯里兰卡红茶相近。由于斯里兰卡红茶的价格有不断攀升的倾向，所以也有不少人期待爪哇红茶能起到替代斯里兰卡红茶的作用。爪哇红茶的涩味和香气都很稳定，非常适合当做佐餐茶。

爪哇红茶一年四季都可以采摘，品质和价格都相当稳定。它的类型主要是BOP和CTC，而且CTC有逐渐增多的趋势。

茶叶 1

爪哇 CTC

信息

味道特征	▶ 厚重且浓郁
浸泡时间	▶ 约2分钟
推荐的饮用方式	▶ 奶茶

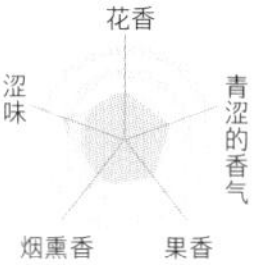

由于涩味比较柔和，爪哇CTC的用途相当广泛。它的茶汤颜色是浓重的深红色。香气方面让人感觉不到什么个性，就是单纯的正统派发酵茶的香气。

茶叶 2

爪哇 BOP

信息

味道特征	▶ 涩味比较温和，容易入口
浸泡时间	▶ 约3分钟
推荐的饮用方式	▶ 清饮、奶茶

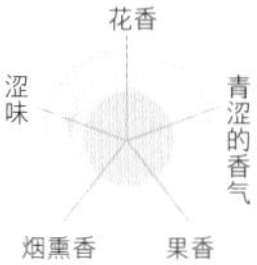

口感相当清爽，涩味大致是中等程度。它的茶汤颜色是偏橙色的深红色。拥有的香气既有水果的甘甜风格，也有新鲜的草香。

日本

最近引发热潮的日本产红茶的魅力，就在于容易搭配和食与和式点心。大家也来品尝一下这种细腻而又美味，贴近日本人感性的红茶吧。

日本 Japan

充满个性的日本产红茶与其他国家的红茶相比也毫不逊色

在日本佐贺县经营国产红茶专营店“红叶”的冈本启先生，为了本书特地向我们介绍了日本产红茶的相关信息。

“从产地上来说，自古就以农业为主的静冈县、鹿儿岛县都算得上是出类拔萃的产地。在日本茶热度减退，当地生产当地消费的热潮兴起等因素的影响下，从日本茶制造业转向红茶制造业的案例呈上升态势。这几个地区都具备进入冬季也不会太过寒冷的气候条件，属于气候相对温暖的地域。这种气候也是日本红茶能形成特有风格的原因之一。日本产红茶味道丰富、涩味较轻，拥有甘甜的香气。而这些特点，也是日本红茶不同于其他国家红茶的魅力所在。”

从品种上来说，根据制作风格的不同，日本产红茶包括了“薮北茶”等红茶用品种，以及印度种和中国种的杂交品种。

茶叶
1

红富贵红茶

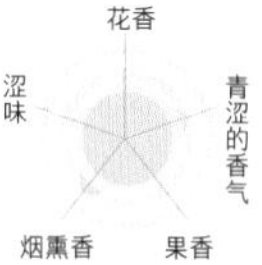

信息

味道特征	▶ 轻盈的入口感，爽快的涩味
浸泡时间	▶ 约5分钟
推荐的饮用方式	▶ 清饮

根据发酵程度的不同，红茶的涩味和香气会出现很大的差别。与外国红茶相比，日本红茶的特征，大致来说就是涩味比较柔和，以及拥有鲜爽的甜度。红富贵红茶的茶汤颜色是明净的红色。香气有类似于乌龙茶的发酵感，也有让人联想到绿茶的青嫩感。左页图的男性，是著名的日本红茶制造者村松二六先生。他是民间种植者中，最早开始栽培红茶用品种“红富贵”的茶农之一。

茶叶
2

冲绳红茶

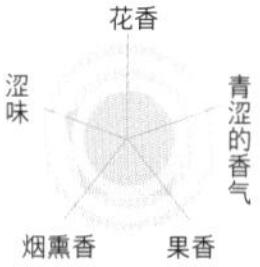

信息

味道特征	▶ 厚重而浓郁，拥有醇厚的涩味
浸泡时间	▶ 约5分钟
推荐的饮用方式	▶ 奶茶

世界性的红茶产地，在北纬30度以南延展形成。在日本的国土中，冲绳比较接近这一地带，可以说从环境上具备了生产出优质红茶的前提条件。虽然统称为“冲绳红茶”，根据地域的不同，茶叶受到的气候影响也会不同。不过总的来说，冲绳红茶的特点就是让人感觉到厚重感和浓郁的涩味。茶汤颜色则是偏橙色的红色。冲绳红茶拥有发酵产生的香气，可以让人联想到阿萨姆的落叶树。大家可以一面想象着冲绳的太阳，一面采用清饮法来品尝冲绳红茶。

调配方法

向调配热红茶发起挑战②

甜奶分层茶

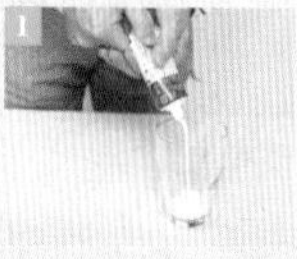

在杯子中加入20克浓缩牛奶。再加入一些坚果或肉桂也是很好的选择。

接下来要做的就是倒入符合自己口味的红茶。用桂皮棒搅拌一下也很美味。

新的“和红茶梅酒”开始销售了！

冈本启先生亲自参与研发的“和红茶梅酒”系列又增加了新成员，那就是由大马士革玫瑰与香草所演绎出的“玫瑰酒”。

拜访"午后红茶"的试制室！

守护味道的专业人士致力于探究美味红茶的精髓

我们拜访了常年热销的品牌"午后红茶"生产美味红茶的现场，对专业人士的积极干劲，以及美味红茶的精髓进行了深度的探索！

（左页）午后红茶系列的部分产品。照片中的所有商品都在进行更新。照片中靠前的“萃取茶”（ESPRESSO TEA）是2010年的热门商品。

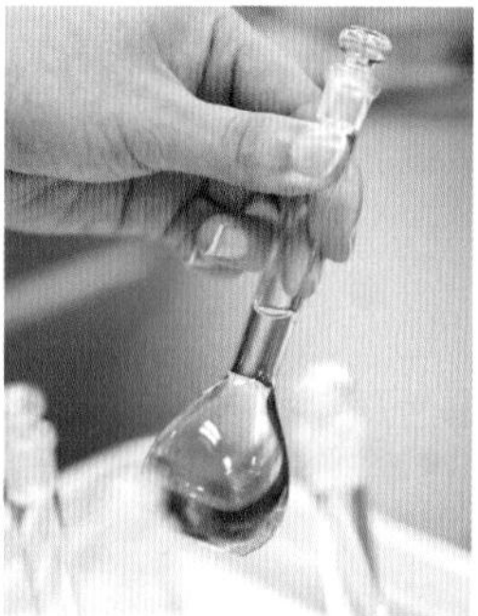

（左图）为了能切实观察红茶的茶汤颜色，需要使用白色的杯子。
（右图）工作人员正在测定红茶中的丹宁酸。这是决定红茶涩味非常重要的元素。

在本书企划中担任审校工作的红茶研究家矶渊猛先生，是红茶业界的权威人士。为麒麟午后红茶担任顾问一事也为他赢得了声誉。麒麟午后红茶是畅销多年的品牌，在2010年迎来了发售的25周年。在如此漫长的时间中，进行相当大规模的生产，还能保持稳定的味道和香气，品牌方在背后一定花费了大量的心血和努力。为了探究这其中的奥秘，我们迫不及待地拜访了午后红茶的生产现场。

研究所成员以女性为主。在和乐融融的气氛中，她们每天都在进行试验。

麒麟啤酒横滨工厂位于日本神奈川县的鹤见区。在那片广阔土地的一隅，坐落着麒麟饮料股份有限公司的商品研究所，里面有被称为“研究用地”的房间。和午后红茶相关的味道微调以及新产品的开发，都是在那里进行的。在那里，我们采访了商品开发研究所的饮料开发主任贞苅季代子女士。

“决定红茶味道的因素主要是以下几点：一是茶叶的种类和它们的比例，二是提取精华的条件（开水的温度），三是茶叶在开水中浸泡的时间，这一点非常关键。简单来说，我们要一面思考这3个因素，一面反复进行试验，由此找出最为合适的配方。此外，考虑红茶与果汁的比例，以及砂糖的分量等，也是我们工作的一环。为了让产品的味道不断跟上时代的需求，午后红茶至今已进行过若干次更新换代。和最初发售的产品相比，午后红茶的甜度在逐渐降低，香气也由华丽的感觉转变为更加自然的风格。每次要进行更新换代时，我们都要在这里进行各种各样的试验。”

打个比方，如果我们看一下“午后红茶柠檬茶”的成分表，会发现那里写着“红茶（努沃勒埃利耶15%以上）。”在这种情况下，贞苅女士等人的工作，就是一面考虑与柠檬的搭配程度，一面确定红茶茶叶的种类和分量，制定出香味最协调的配方。

负责饮料开发的藤村纱会女士正在闻红茶的香气。她学习过营养学，拥有营养管理师的资格证书。

“除此以外，我们平时还要注意‘是否有偏差’的问题，也就是去确认在各地区工厂制作出来的商品，测试它们在味道上是否出现了偏差及波动。还有，在新产品的概念推出后，我们要研究如何才能把那些概念转换成具体的味道。

拜访“午后红茶”的试制室

1

首先要为茶叶称重。准确地计量出3克茶叶，将其放在易于观察状态的托盘上。

2

为使水中饱含空气，要把烧开后温度达到100℃的开水，一次性倒进杯子中。

3

焖泡的时间是3分钟。需用计时器来准确地把握时间。茶叶会在杯子里形成沸腾跳跃现象。

4

将闷泡红茶的迷你茶壶，放置到茶碗（承接器皿）上。

（左图）上排的茶叶分别为大吉岭夏摘茶OP、大吉岭BOP、乌瓦阿萨姆、汀布拉BOP等。工作人员会细致认真地对它们一一进行品鉴。
（右图）配备了各种不同类型的茶叶。据说，试制室方面对超过百种的调配茶叶进行了严格的管理和贮藏。

比如选择哪个品种的茶叶，采用什么样的分量与比例，通过什么样的温度和时间来提取精华等等。在进行试制时，还要考虑到丹宁酸、咖啡因和氨基酸等的比例，因为这些都是决定红茶味道的关键因素。”

贞茹女士的团队，每天都要冲泡各种不同种类的红茶，反复进行试制。我们也向她请教了冲泡出美味红茶的方法。

“要事先进行温杯。这一点很关键。这样会让香气的释放方式截然不同。还有，我觉得最好根据自己的饮用方式，也就是选择清饮还是制作奶茶，相应地换用不同的茶叶。因为饮用方式不同，适合的茶叶也会有所不同。比如说我在采用清饮法的时候，就不是很喜欢大吉岭。因为我觉得那种青嫩感有些别扭。但是我的同事就最喜欢大吉岭特有的青嫩感。所以关键还是要找到符合自己口味的品种。”

最后，我们询问了贞茹女士“这个工作最重要的事情是什么？”她立刻表示是“健康管理”。因为这个工作的成败就在于“鼻子和舌头”。如果一个人感冒了，就会给整个团队都造成困扰。通过这次的拜访，我们感受到了决定红茶味道的专业人士的高超技术和积极干劲！

用于提取红茶精华的机器。可以大量地冲泡试制时表现不错的茶叶，进一步试验。容积高达2,000升。

5

将红茶倒进杯子中。专业人士可以通过这样的手法，同时进行多杯红茶的精华提取。

6

一直守候到“黄金水滴”落下为止。一定要让最后一滴切实地落下来，这一点非常重要。

7

到此为止就算是大功告成了。在品鉴味道时，要使用茶匙，把茶水和一些空气一并含进嘴里。

完成！

完美指南

››› 第3章

红茶研究家矶渊先生所传授的最新方法

冲泡出极致美味红茶的7大要诀

红茶的味道和风味，会因为开水的沸腾状态而发生改变。矶渊先生传授给我们的是需要注意的关键点。只要能掌握这些关键点，不管是谁都能邂逅美味至极的一杯红茶！

掌握决定美味度关键的“跳跃现象”的形成条件

红茶的美味程度，取决于味道、香气和茶汤颜色这三大要素。我们接下来会分7个环节，为大家讲解如何才能最大限度地调动好这些要素。

首先需要大家记住的，就是红茶的美味程度，很大程度上取决于一种名为“跳跃现象”的运动。这里所说的跳跃现象，是指茶叶由于开水的对流，而在茶壶内形成的上下沉浮运动。通过这种运动，小小的茶叶会均匀地混入开水中，使红茶的精华被完美地渗透出来。为了让茶壶内形成这种跳跃现象，热水中需要含有充足的氧元素，并且还要让热水的温度高到可以引发对流。只要具备了这些条件，那么剩下来要做的，就是将热水一次性倒入茶壶而已了。

在进行过若干次挑战后，冲泡者就可以逐渐抓住关键点和要领。而这样冲泡出来的红茶，味道也相当特别。

讲解

01 任何人都可以做到的绝对美味的“王道式”红茶冲泡方法

冲泡红茶的王道，就是用茶壶和叶片型的茶叶来进行冲泡。只要掌握了基本的冲泡方法，普通的红茶也可以仿佛脱胎换骨般地变得更加美味！

1 ¦ 烧开水

将1.5升以上的新鲜清水烧开。为了保留水中的氧元素，在水温达到95～98℃时就要关火。如果水面出现了气泡且平缓地波动，就算是烧好了。

2 ¦ 将茶叶放入茶壶中

冲泡美味的红茶时，不需要使用太多的茶叶。就算是要冲泡若干杯红茶，也要按照每人2克（1茶匙）来计量。

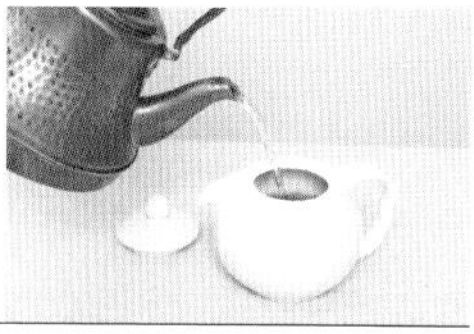

3 ¦ 在茶壶中倒入开水

将烧开后温度达到95～98℃的开水，一次性倒进茶壶，水流要猛，一下子冲开茶叶。在倒入开水的时候，水壶的壶嘴要抬得略高一些，以便倒入时能尽可能多地包含氧气。

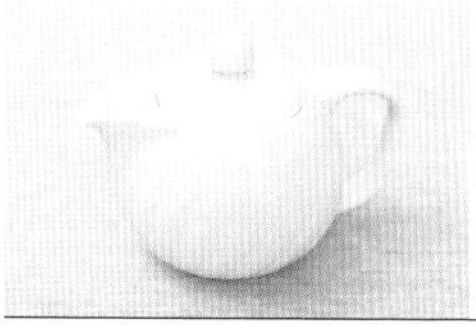

4 ¦ 焖泡3～4分钟

在倒入开水后，我们要盖上壶盖，静静地焖泡3～4分钟（具体时间根据茶叶的种类而定）。这时候是否发生跳跃现象，会直接影响到茶的味道。

5 ¦ 将红茶倒入茶杯中

伴随着茶叶精华的渗出，茶壶中的茶叶会由于吸收了水分而变得沉重，变为沉在壶底的状态。这时就是最好的倒出时机。我们可以使用滤茶器或是茶叶过滤网，把茶汤倒入茶杯中。

6 ¦ 要连最后一滴也倒进去

因为茶壶中红茶茶汤的分量大约是两杯半左右，所以在倒完第一杯及第二杯之后，还可以使用热水壶来调整茶汤的味道。

讲解

02

使用正确的手法，袋泡茶也能冲泡出极致的美味！

袋泡茶可以让大家在自己家中或是办公室里也能轻松地享用红茶。只要能掌握正确的冲泡方法，袋泡茶也可以让人体验到十足的美味。

用茶壶来进行冲泡时

1 在杯子中倒入开水

在茶壶中倒入开水时，开水的温度要求和冲泡茶叶时相同，都为95～98℃，开水的分量则是每人200～300毫升左右。这时的关键是一定要在放入茶包之前，先把开水倒进去。

2 放入茶包

在茶壶中放入茶包（每人用一个）。如果放入茶包和开水的顺序反了，茶叶会受到冲击，使纤维质析出。所以大家需要对放入顺序多加注意。然后盖上茶壶的盖子，等待精华被提取出来。

3 提取精华

红茶的精华会由于浸泡而被一点点渗透出来，等到茶包浮上来的时候，红茶就可以饮用了。为了避免过度提取，这时要把茶包从茶壶中取出，把茶汤缓缓倒入杯子里。

专栏

和袋泡茶有关的便利周边

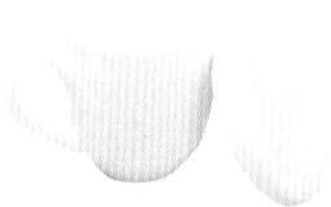

（上图）袋泡茶专用的杯子市面上就有销售。
（下图）用来制作茶包的材料相当丰富多样，包括无纺布、纸、纱布和尼龙网布等。

用杯子来进行冲泡时

1 ┆ 向杯子里倒入开水

向杯子（最好是带杯盖的杯子）里倒入开水。和使用茶壶进行冲泡时一样，一定要先行倒入开水。如果使用马克杯，开水的分量应约为200～250毫升。如果使用茶杯，则取150毫升左右比较合适。

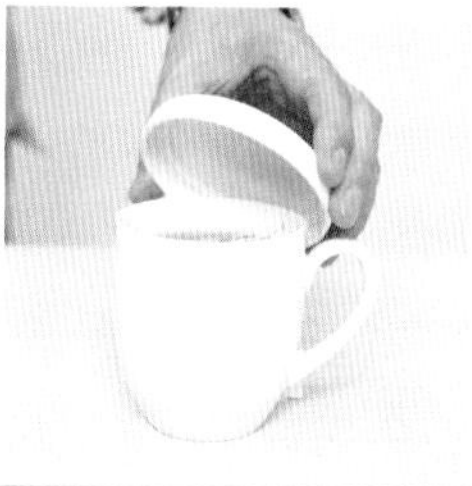

2 ┆ 放入茶包

在杯子中放入一个符合自己口味的茶包。最初茶包会沉下去，但随后会徐徐浮起。这时没有必要摇晃茶包上的绳子去强行缩短提取时间。

3 ┆ 盖上杯盖进行焖泡

等茶包浮上来后，不要取出茶包，直接盖上杯盖，通过焖泡持续提取精华。最合适的焖泡时间，应该是放入茶包后2分钟左右。

4 ┆ 焖泡完毕

在估计精华已经被提取出来后，就轻轻地取出茶包。根据茶包的形状和材料的不同，焖泡时间也会存在差异。大家对此要多加注意。使用完的茶包，可以放在翻过来放置的杯盖上。

专栏

冲泡奶茶的话要先放牛奶！

1 ┆ 事先进行温杯

在冲泡奶茶时，因为使用的是常温的牛奶，所以要事先进行充分的温杯。这一步骤非常重要。

2 ┆ 倒入牛奶

首先倒入牛奶（推荐选用低温杀菌型）。将牛奶的温度变化抑制在最小范围内，蛋白质的热变性也会减弱。

3 ┆ 倒入红茶

从牛奶的上方，将按照上述要领浸泡好的红茶，倒进杯子里，直至茶杯有9成满为止。因为倒入的红茶比较多，可以调节到恰到好处的温度。

讲解

03 牛奶和砂糖的挑选方法

我们可以根据自己的口味和当天的心情，尝试加入牛奶或是砂糖。这样一来，红茶的口感会变得比较温和，能够轻柔地安抚疲劳的身体。

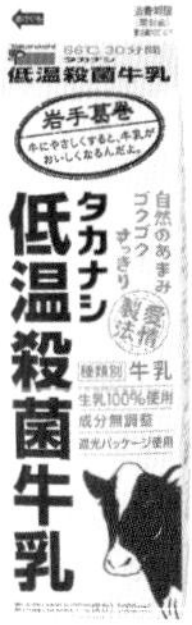

冲泡奶茶时要使用热变性较弱的低温杀菌牛奶

在红茶中加入牛奶的话，红茶的涩味会得到缓和，整体味道也变得比较柔和。这样一来，红茶和含有乳脂肪的西式点心就会更加搭配了。为了制作出美味的奶茶，我们最好选择低温杀菌牛奶（即以63～65℃左右的温度，进行约30分钟杀菌的类型）。这种低温奶的特征就是蛋白质的热变性比较弱，也不会出现好像牛奶烧焦般的硫磺味。这样制作出来的奶茶散发着甘甜的香气，还能让人感受到清爽的余味。

如果按照形状来区分使用砂糖，红茶的享受方式也会更加多彩

根据个人口味的不同，砂糖加不加两可。什么也不加入的红茶，能让人清晰地感受到红茶本身的味道。而如果加入砂糖，红茶的风味就会变得柔和。根据砂糖形状的不同，红茶的享用方式也会有所不同，所以大家可以根据自己的喜好来分别使用不同形状的砂糖。

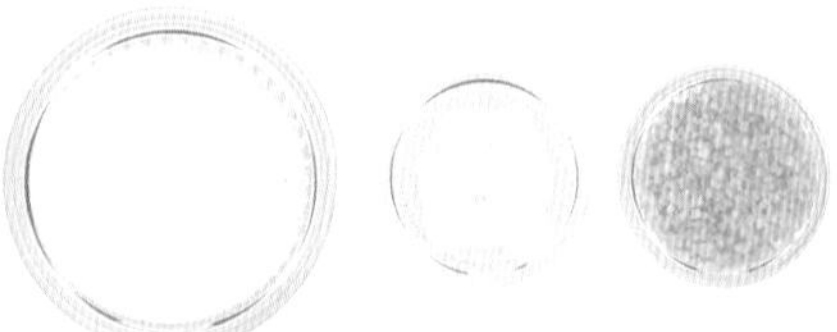

最适合搭配红茶的食糖是细粒砂糖（左图）。使用方糖（中图）的话，最好先把一块方糖含入口中，再喝一口红茶，享受方糖在口中甜蜜融化的乐趣。粗粒砂糖（右图）由于融化起来比较缓慢，可以让人品味味道的变化。

讲解

04 和平时的红茶大不相同！调配茶的配方

新鲜的水果果肉和香气，可以进一步烘托出红茶的美味。因为出色的调配茶配方都很简单，所以请大家一定要尝试一下。

葡萄柚分层茶

材料：（供1人饮用时）

冰茶（康提）……120毫升
葡萄柚……1/4个
（或葡萄柚果汁……30毫升）
糖浆……20毫升
冰块……适量

1. 将榨出的葡萄柚果汁倒进杯子里。
2. 加入糖浆，充分混合搅拌。
3. 加入冰块，直至杯子有八成满。
4. 缓缓地倒入冰茶。也可用葡萄柚来装饰杯子。

甜点茶潘趣

材料：（供1人饮用时）

冰茶（康提）……120毫升
水果（草莓、苹果、香蕉、葡萄、橙子等）……适量
糖浆……20毫升
碳酸水……30毫升
冰块……适量

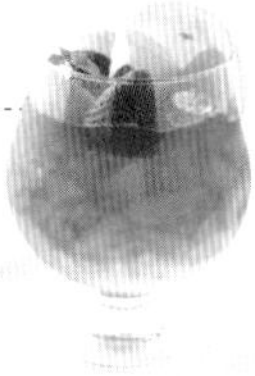

1. 将水果分别切成小块，备用。
2. 在潘趣专用碗中加入糖浆。
3. 向步骤2的成品中倒入冰茶，充分混合搅拌。
4. 添加步骤1中处理好的水果。
5. 最后加入冰块和碳酸水，即成。

草莓茶

材料：（供1人饮用时）

茶叶（康提）……4克
草莓……1颗
玫瑰红葡萄酒……1/3茶匙
开水……350毫升

1. 将草莓对半切开，将其中一半捣碎，放入茶壶中。
2. 在茶壶中加入茶叶，倒入开水，进行浸泡。
3. 在茶杯中加入另外半颗草莓，倒入玫瑰红葡萄酒。然后再倒入步骤2中泡好的红茶。

苹果甘菊茶

材料：（供1人饮用时）

茶叶（汀布拉）……4克
苹果（王林）……3片
甘菊……1小撮
牛奶（低温杀菌）……30毫升
开水……120毫升

1. 在茶壶中加入茶叶、1小撮甘菊和2片苹果。
2. 倒入开水，进行浸泡。
3. 在事先进行过温杯的茶杯中倒入常温牛奶，并倒入步骤2中泡好的红茶，直到杯子有九成满。
4. 最后将另一片苹果轻轻放在液面上。

薄荷橙子茶

材料：（供1人饮用时）

茶叶（康提）……4克
橙子……1片
橙子皮……适量
干薄荷叶……1小撮
开水……350毫升

1. 在茶壶中加入茶叶、干薄荷叶和橙子皮。
2. 倒入开水，进行浸泡。
3. 在茶杯中加入切片，倒入红茶，最后装饰上薄荷叶。

讲解

05

水该用软水还是硬水？烧开的方式又是怎样的？

红茶的味道，会因为水的硬度及pH值等因素而出现大幅度的变化。如果我们能了解水的特性，就可以进一步调动出红茶的风味。

软水

如果使用软水质的水，红茶的茶汤颜色会比较淡，但味道会比较浓。而且涩味和香气都会变得更加明显。软水比较适合用来冲泡康提等茶叶。

中软水

用中软水质的水，茶汤颜色比较浓重，但味道却与之相反，原本的刺激性涩味会因中软水而得到缓和，味道也会变得比较温和。中软水比较适合用来冲泡大吉岭或是乌瓦等茶叶。

冲泡时要把水也当作材料，这样才能得到符合自己口味的红茶

很多在英国喝过红茶的日本人，都会感到"比较容易入口"。究其原因，答案就在水质的特征中。英国水质的硬度在150～180ppm上下，比日本的水硬度要高一些。用这样的水来冲泡红茶的话，虽然茶汤颜色浓重，但是红茶特有的涩味会得到缓和，口感也会变得更加清爽。红茶中的丹宁酸，会和水中含有的钙、镁等产生化合反应，孕育出红茶特有的味道、香气和茶汤颜色来。希望大家可以把水也当作红茶的材料之一，充分地理解和掌握水质的差异，进而冲泡出符合自己口味的红茶来。

因为自来水中富含氧元素，大家要把它一次性倒进茶壶里。如果使用矿泉水，要先充分摇晃再倒出。这样，茶叶会比较容易形成跳跃现象（在茶叶展开时出现的上下沉浮运动）。

讲解
06 正确保持茶叶新鲜度

为了避免损害到茶叶的新鲜味道，我们必须精心保管好红茶的茶叶。此外也要把握不同容器的特征，挑选合乎心意的保鲜容器。

罐装茶或是袋装茶开封后，就要把茶叶转移到密封度更高的容器中去。

在很久以前，英国王侯贵族会把茶叶保存在类似于珠宝箱般上锁的箱子中。直至今日，对于英国人来说，红茶都是家庭中常备的重要饮料。在红茶茶叶的保存方面，最重要的一点就是新鲜度。为了避免茶叶受到光照或是湿气的影响，大家最好选择密封度高的保存容器。容器平时放在常温环境中就好，不过在室温显著上升的夏季，要把容器放到冰箱中来保存。因为红茶的茶叶容易吸收味道，所以要避免把茶叶与味道浓重的食品放在一起。

从功能性的角度来说，日本的茶筒做得非常棒。除此以外，陶质或是搪瓷质容器也很不错。玻璃容器的缺点是可以透光，但看起来赏心悦目，还能起到装饰房间的作用。图中的样品都是比较大的容器，每个都可以装入100克以上的茶叶。

讲解
07 茶器和工具要这样选择

下面我们要为大家介绍，如何挑选用来冲泡美味红茶的工具或是茶器。如果还没有备齐工具，应着重参考这一部分。

水壶

为使水中保留较多的氧元素，需要尽可能在短时间内将水烧开。因此我们建议大家使用热传导性良好的铜制水壶。

茶壶

我们建议大家选择陶瓷材质的圆形茶壶。因为这样在倒入开水时，茶叶更容易形成跳跃现象。这时要注意选用壶嘴较短的茶壶。

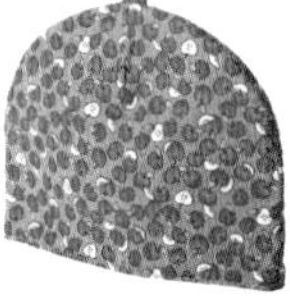

茶壶套

为了红茶的保温，我们要在茶壶外面套上套子。在冬季，或是想要慢慢地饮用红茶时，茶壶套的使用都相当重要。

沙漏

在焖泡红茶时会用到的沙漏（可计时3分钟）。不同的茶叶，焖泡的时间也会有微妙的差异，希望大家记住其中的差别。

茶杯

在茶杯方面，造型上壁薄口大的为佳。为了能看清红茶的茶汤颜色，茶杯的内壁最好是白色的。

滤茶器

在把红茶从茶壶倒入杯子时，为了避免茶叶也进入杯子，需要使用滤茶器。这时也可以用茶叶过滤网代替滤茶器。

茶匙

茶匙比咖啡匙要大一圈，容积也要大一些。冲泡一杯红茶时，OP类型的茶叶大约需要2克，BOP类型的茶叶大约需要2.5克，而CTC或是BOPF～DUST类型的茶叶大约需要3克。

1. 1773年12月16日，美国宣布抵制英国的红茶，将红茶扔进了海里。
2. 被称为“波士顿倾茶事件”的运动，成为了美国独立战争的导火索，美国最终于1776年获得了独立。
3. 大英帝国通过和中国的茶叶贸易积累了大量财富，促进了自身的发展。图为在18世纪中期处于全盛期的英国东印度公司的建筑物。

在饮用美味红茶的同时……

让我们一起来温习红茶的历史吧！

诞生于中国的茶叶千里迢迢地传播到了遥远的英国，并作为一种文化得以流传继承。红茶的历史也包含了波澜壮阔的世界史……

品茶文化是在17世纪传入欧洲的，起源于荷兰。1602年，荷兰设立了东印度公司。1609年，荷兰在日本平户市开设了商馆，第二年就把绿茶带回了国内。东方的茶碗、茶器以及冲泡方法等在荷兰的贵族阶层中深受喜爱，贵族们相当享受这种东方情趣。于是茶叶因此成为了价格比肩金银的昂贵商品，作为富豪名人们炫耀财力的奢侈品而流行了起来。

在那之后，茶叶从荷兰传入了英国。最早在英国销售茶叶的，是1657年位于伦敦的“查拉维”（CARAWAY）咖啡屋。当时是把茶叶作为健康饮料来贩卖的。

让茶叶彻底在英国上流社会站稳脚跟的人物，是一位名叫凯瑟琳的皇室女性。1662年，葡萄牙的凯瑟琳公主被迎娶为查理二世的王妃。她几乎每天都要饮用红茶。这位王妃也会用茶水招待前来拜访她的贵妇们，不知不觉中，“王妃之茶”就成为了贵族女性们所向往的饮品。所以可以说凯瑟琳王妃为茶叶的形象提升做出了巨大的贡献。

进入17世纪80年代后，英国的东印度公司开始正式进行茶叶交易。

1706年，托马斯·川宁从东印度公司中独立出来，开始贩卖茶叶。他就是现在众所周知的“川宁茶”的创始人。从1717年开始，中国和英国的东印度公司展开了直接贸易。到了18世纪，绿茶和红茶的人气出现逆转，在18世纪中期，红茶在市场上已经占据了压倒性的优势。

红茶的人气在美国也不断扩散后，美国虽然会从英国的东印度公司进口红茶，但因为被课以重税，所以荷兰的红茶走私极为盛行。英国方面对这种情形非常恼火，

2

3

茶叶历史年表

1602年	荷兰东印度公司成立。
1610年	荷兰开始进口中国茶。
1657年	英国的咖啡屋开始贩卖茶水。
1662年	葡萄牙的凯瑟琳公主被迎娶为英国查理二世的王妃。 这是茶文化渗透进英国贵族阶层的契机。
1706年	托马斯·川宁开始贩卖茶叶。
1717年	英国的东印度公司开始和中国展开直接的茶叶贸易。
1773年	英国对美国颁布“茶叶条例”。 “波士顿倾茶事件”发生。
1784年	理查德·川宁直接向政府提议降低茶税。
1823年	英国人罗伯特·布鲁斯少校在印度阿萨姆发现了茶树。
1834年	印度总督威廉·本廷克勋爵建立了茶业委员会。
1839年	世界第一个红茶贸易公司“阿萨姆公司”（ASSAM COMPANY）诞生了。
19世纪40年代	第七任贝德福公爵夫人安娜玛丽亚开创了“英式下午茶”。
1841年	A·坎贝尔博士在大吉岭种植了中国种的茶树。
1853年	印度的尼尔吉里第一座茶园诞生。
1867年	詹姆斯·泰勒着手在斯里兰卡进行茶叶栽培。
1869年	苏伊士运河开通。
1872年	爪哇引进阿萨姆种，开始把红茶栽培作为一个产业。
1876年	余千臣在祁门成功培育出了上等的茶叶。
1887年	红茶首次登陆日本。
1890年	托马斯·立顿在乌瓦开设了专属于自己公司的茶园。
19世纪90年代	斯里兰卡的汀布拉地区开始栽培红茶。
1903年	肯尼亚开始栽培红茶。
1904年	在美国的圣路易斯召开的万国博览会上，“冰茶”诞生。

于是为了强行获得税收，颁布了各种各样的条例。这种行为激发了殖民地民众的怒火，引发了1773年的“波士顿倾茶事件”。由美国人组成的团队潜入停泊在波士顿港口的3艘船只中，将船上装载着茶叶的箱子扔进了海里。而这一事件，也成为了美国独立战争爆发的导火索。

1823年，英国人罗伯特·布鲁斯少校在印度的阿萨姆地区发现了茶树。当时印度还是英国的殖民地。自此英国不再单纯依赖进口，而是开拓出了独立生产红茶的途径。阿萨姆地区茶树的栽培，就始于布鲁斯少校的弟弟C. A.布鲁斯。

1849年，英国航海法被废除，1869年，苏伊士运河开通。以前要花费90多天时间的中国到伦敦之间的路程，只要28天左右便能走完。随着印度阿萨姆地区茶树栽培获得成功，锡兰岛也开始在这个时期进行红茶栽培。1890年，托马斯·立顿在乌瓦地区拥有了专属于自己公司的茶园，以新鲜和低价为卖点的立顿红茶逐渐确立了世界性的市场份额。原本相当昂贵的红茶价格逐渐走低，使红茶文化也一直延续到了20世纪。

4. 1840年开始在阿萨姆制作红茶。因为引进了中国的技术人员，制作方法和乌龙茶颇为相似。
5. 19世纪中期，鸦片战争结束，中国的茶叶变成可以进行自由贸易的商品，被称为“运茶快船”（Tea Clipper）的船只开始穿梭于大海之中。
6. 18世纪中期，王公贵族的下午茶。当时，拥有昂贵的茶叶是一种财富的象征。
7. 1662年嫁给查理二世的葡萄牙公主凯瑟琳，将印度殖民地所有权赠予了英国，英属印度由此而诞生。

最大限度地调动出茶叶本身的味道和香气

其实很简单！冷泡红茶的世界

冷泡红茶的世界看似门槛很高。但大家知道吗？其实只要使用每个家庭里都有的工具，就可以制作出冷泡红茶。而且，其过程简单到让人吃惊。我们建议大家也来体验一下，不管是谁都可以随时展开的“冷泡红茶生活”。

小林真夕子女士
“茶品”红茶教室
红茶总顾问

在新西兰学习语言时期，小林女士爱上了红茶。随后她远赴美国，在科罗拉多州攻读国际贸易和旅游专业。毕业后，她进入了商社，负责红茶和乌龙茶的进口业务。2005年，小林女士获得了红茶顾问的资格证，从此开始在红茶领域中大显身手。

红茶教室“茶品”（Tea Style）
http://www006.upp.so-net.ne.jp/teastyle/top.html（现在处于停业中）

冷泡红茶的美味，以及美味的理由

用冷泡红茶的方法，不需要费什么工夫就可以制作出极致的冰茶。我们可以尝试用封尘在厨房中的茶叶或是袋泡茶来制作一下。

清爽细腻的味道 带给人无上幸福的冰茶

冷泡红茶的人气，最近正在一点点地渗透到街头巷尾中。而它之所以拥有越来越高的人气，主要就在于制作简单方便，不需要费什么工夫，而且口感清爽，容易入口。“只要在茶壶中倒入茶叶和清水就好。做法就像是冲泡麦茶一般。因为没有红茶特有的涩味，以及冰茶常见的‘冷后浑’现象，所以冷泡红茶的口感相当清爽。很多不喜欢红茶的人，都能接受冷泡红茶。”小林女士这样说道。

冷泡红茶看似简单，其实也颇有深度，所以我们向红茶教室的小林真夕子老师请教了冷泡红茶的精髓。

小林老师表示，首先要注意的是最基本的茶叶选择。最好选用适合清饮法且适合制作冰茶的茶叶。“在大吉岭或是努沃勒埃利耶等高地上栽培出来的茶叶，香气芳醇，涩味强烈，非常适合制作冰茶。此外，可以直接享受香气的调味茶也值得推荐。”

在水的方面，比起硬水来，使用软水要更加合适。因为软水不会破坏茶叶本身的风味，还可以调动出更加细腻的味道。

调配茶也很有意思。只要加入香料或是利口酒，使用一些小技巧，红茶味道就会一下子变得丰富起来。“因为用冷水浸泡的红茶没有什么个性，可以调制的发挥空间也比较大。哪怕只是加入水果或是碳酸水，也会有相当大的不同。如果能够找出拥有自我风格的配方，是很不错的事情呢。”

冲泡美味冷泡红茶的方法 5个步骤

准备符合自己口味的茶叶

首先，我们要挑选好茶叶。为此可以去专营店咨询，再购入适合制作冷泡红茶的茶叶。也可以直接购买市面上售卖的袋泡茶。

1

2

将茶叶放进水壶里

1升的水大概需要放入8～10克的茶叶。记住“大概要用3茶匙”的提示可能会比较方便。如果是袋泡茶的话，大概需要3～4包。

在水壶中倒入清水

水质会直接影响到冷泡红茶的味道。在水质上要讲究一些，最好使用由净水器过滤过的水或是矿泉水等美味的水。

3

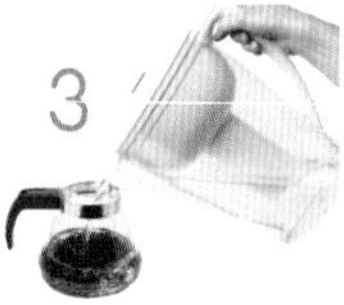

4

在冰箱中放置7～8小时

接下来要做的就是把水壶放进冰箱里，慢慢地泡出茶叶中的精华。在常温下的话大概需要5～6小时。当预定的时间已到，就把茶叶取出来，把茶水放入冰箱中保存。

完成了！

只要一个晚上，即可完成清爽的冷泡红茶。这种红茶的保质期是1天左右。所以最好一开始制作时就确定好分量，喝多少做多少。

5

“冷后浑”现象是什么？

应该有不少人在自己家里制作冰茶时，遭遇过冰茶变白、变浑浊的现象吧。这就是“冷后浑”现象。出现这种现象是因为遇到开水而融化的丹宁酸和咖啡因在冷却后结合到一起，产生了让人不快的涩味和浑浊感。从这个角度来说，冷泡红茶的魅力之一，便是“不使用开水”，就可以轻松制作出通透的红茶来。

用家里现有的工具就可以制作！

冷泡红茶可以用家中常备的工具来制作。所以大家赶紧到自家的厨房里找一找，一起来做吧。

茶壶

每个家庭的茶壶大小和形状会各不相同。只要是能够放入冰箱中保存的容器就行，选用什么类型的茶壶都可以。

茶叶过滤网

把茶汤倒入杯子时必不可少的工具，此外，垂吊式的滤茶器使用起来也很方便。

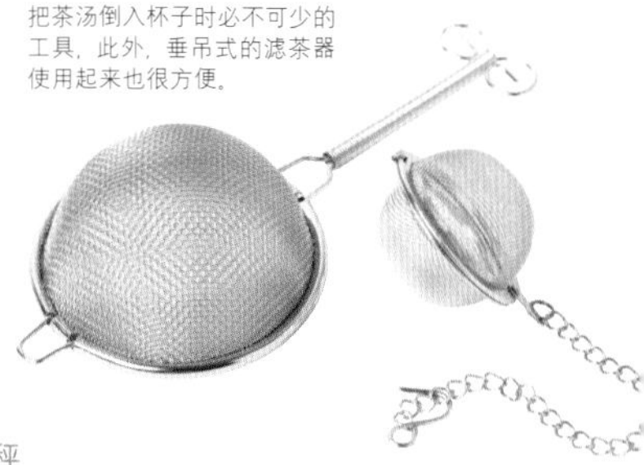

矿泉水

冷泡红茶最好使用矿泉水。挑选软水比硬水更能冲泡出红茶的美味来。

净水器

如果没有准备矿泉水的话，使用由水壶型净水器过滤过的自来水也是可以的。

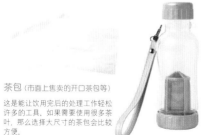

电子秤

在想要准确计量茶叶时，我们需要使用电子秤。只要使用最小单位可以精确到1克的电子秤，就不会浪费茶叶。

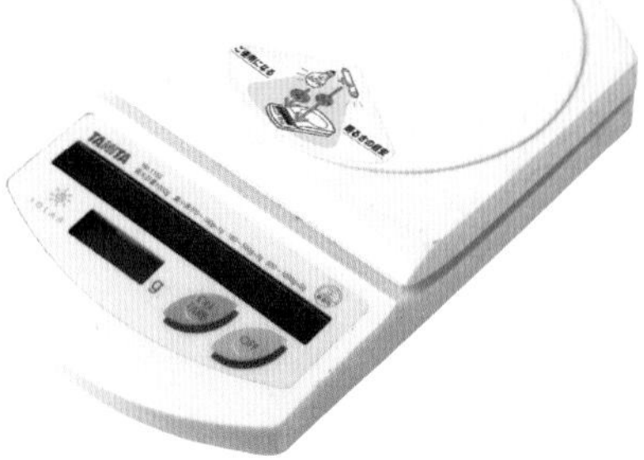

推荐一组便利工具

茶包（市面上售卖的开口茶包等）

这是能让饮用完后的处理工作轻松许多的工具。如果需要使用很多茶叶，那么选择大尺寸的茶包会比较方便。

附带茶叶过滤网的水杯

这是能够放进背包里的塑料瓶状的水筒。因为附带了茶叶过滤网，只需要加入清水或开水就能冲泡，而且可以反复使用，相当环保。

附带茶叶过滤网的水壶

这种附带了茶叶过滤网的水壶，在冷泡红茶界也相当受欢迎。最近市面上出现了设计得比较时尚的水壶。

换种茶叶体验到更多美味带来的愉悦

什么样的茶叶适合冷泡红茶

冷泡红茶的丰厚香气和清爽味道让人心情愉悦。下面我们要对4种适合冷泡红茶的茶叶进行比较，看看各种茶叶间的差异。

努沃勒埃利耶

努沃勒埃利耶是著名的斯里兰卡红茶，栽培的地区海拔越高，其出产的红茶就越是高级。努沃勒埃利耶和乌瓦、汀布拉并称为斯里兰卡的"三大高地茶"。努沃勒埃利耶是在海拔约1,800米的高地上生产出来的一级品。因为它的茶叶比较细小，所以进行冷泡时，能在比较短的时间内完成浸泡。不过如果想要调动出茶叶特有风味的话，还是需要多花一点时间的。它拥有花朵般的优雅香气和爽快的涩味，适合采用清饮法来慢慢品味。

产地：斯里兰卡　茶叶的大小：细小　茶汤色：淡橙色

风味：馥郁的香气　最低浸泡时间：2～3小时

日本红茶

涩味柔和，甜度也比较温和。因为拥有不同于其他产区红茶的特别风味，所以相当符合日本人的口味。如果使用日本红茶来制作冷泡红茶的话，最好使用在日本开采的矿泉水。首先，可以通过清饮的方式来体验它细腻柔和的口感。此外，它不仅可以搭配西式点心，与日式点心也非常契合。

产地：日本　茶叶的大小：大　茶汤色：淡褐色

风味：温和的甜味　最低浸泡时间　4～5小时

大吉岭春摘茶

由于水果味的香气和清爽的味道，大吉岭红茶被誉为“茶中香槟”。这里所说的春摘茶，是指在春季采摘的头茬茶。这种只使用刚发芽的柔软新芽的珍稀茶叶，香气要强于普通的大吉岭，风味和涩味也比较淡。与其说是红茶，给人的感觉更接近于绿茶。如果进行冷泡，因为不会出现独特的涩味，所以可以通过清饮的方式来享受它甘甜清爽的口感。在红茶专营店中，一年四季都可购买到。

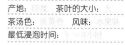

产地：印度　茶叶的大小：大

茶汤色：淡黄色　风味：水果味

最低浸泡时间：3～4小时

肯尼亚红茶

市场上常见的非洲产红茶。肯尼亚红茶的最大特征就是完全无农药栽培，而且基本上都采用CTC制法，对干燥的茶叶进行压碎和搓卷，所以需要的浸泡时间比较短。这也是它拥有人气的理由之一。经由手工操作被仔细地采摘下来的茶叶，拥有比例均衡的口感。因此它不仅适合清饮，也可以用来制作调配茶。

产地：非洲　茶叶的大小：CTC类型　茶汤色：深褐色

风味：甘洌清爽　最低浸泡时间：1～2小时

在饮用红茶的同时，畅想茶叶的产地……

努沃勒埃利耶是在世界上屈指可数的著名红茶产地。如果拜访这片海拔约为1,800米的土地，就可以看到不少背负着超过20公斤的背篓，勤奋地采摘茶叶的妇女。小林老师表示：“红茶的栽培和其他食材一样，取决于自然的恩惠和人们的辛勤劳动。正因如此，在饮用红茶的时候，不要只顾着爽快，同时还要抱有感谢的心情。”在美味世界的背后，有着茶叶产地人民的辛勤努力，这一点请大家一定不要忘记。

对简单的冷泡红茶进行升级

多费一道工序，多享一分美味的配方

冷泡红茶没有什么特殊的味道，可以轻松、自由地进行调制。比如把薄荷冰茶（配方3）替换成香料（右页下图）等。具体的享用方式取决于调制者的口味。

调制配方 1 苏打茶

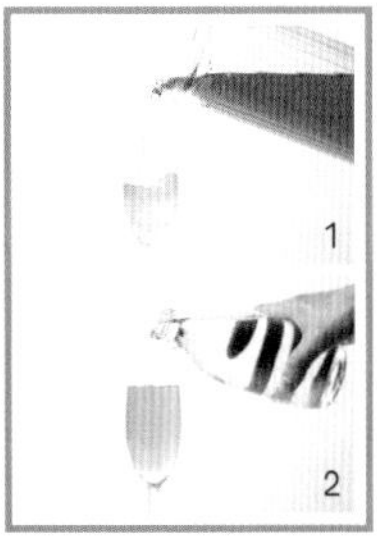

材料

努沃勒埃利耶 140毫升

碳酸水 60毫升

果子露 适量

❶ 在杯子中加入果子露。

❷ 将浸泡后的努沃勒埃利耶倒入杯中，进行搅拌。

❸ 缓缓地倒入碳酸水，即成。

※也可用姜汁饮料来代替碳酸水。

※加入生姜或是用蜂蜜腌制过的柚子皮等也很美味。

调制配方 2 水果茶

材料

肯尼亚红茶 200毫升 冰块 适量

水果 适量（猕猴桃/黄香蕉/苹果/菠萝等）

❶ 把水果分别切成直径约为1厘米的小块。

❷ 按照水果块、冰块和肯尼亚红茶的顺序，把它们先后加入杯中。

❸ 最后装饰上猕猴桃的切片。

❹ 一边搅拌一边饮用。

※如果加入葡萄柚或是橙子，就可做成柑橘茶。如果加入蓝莓或是木莓，可做成浆果茶。

水果方面，建议大家使用应季的水果。此外，如果在切水果的方式上花点心思，比如在处理苹果时留下一部分外皮，就会让红茶的外观也漂亮别致。水果茶所拥有的不需要砂糖的自然甜度相当可口。

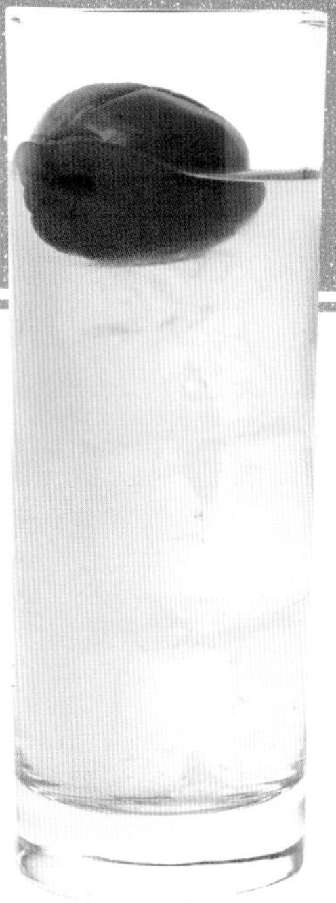

调制配方 3 薄荷冰茶

材料

- **大吉岭春摘茶叶** 10克
- **干薄荷** 2～3克（分量约为1茶匙）
- **矿泉水** 1升
- **荷兰薄荷叶** 1片

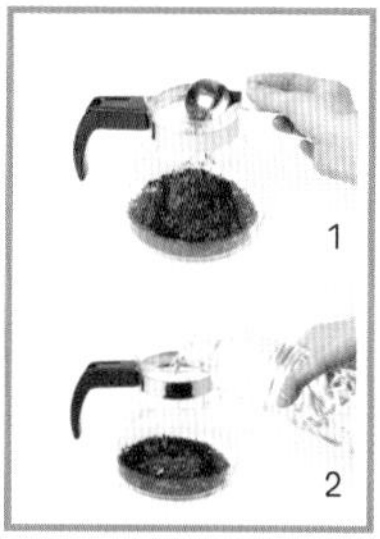

❶ 在茶壶中加入茶叶和干薄荷。
❷ 将矿泉水一次性倒入壶中。
❸ 在冰箱中进行大约6～7小时的浸泡。
❹ 将茶汤倒入杯中，再用荷兰薄荷叶进行装饰。

调制配方 4 梅酒茶

材料

- **日本红茶** 140毫升
- **梅酒** 60毫升
- **果子露** 适量
- **梅干** 1粒

❶ 在杯子里加入果子露。
❷ 倒入日本红茶，轻轻地进行混合。
❸ 缓缓地倒入梅酒。
❹ 装饰上梅干，即成。

※梅酒和果子露的分量可根据自己的口味来调整。
※也推荐进一步加入碳酸水，制作成混入苏打水的风格。
※除梅酒以外，还可以用香槟或是气泡酒等不同的酒类来进行调制。

可以改变味道的魔法香料

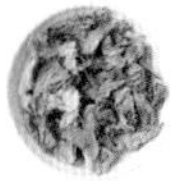

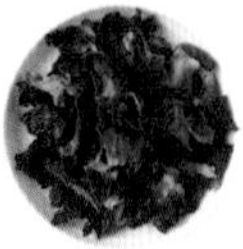

干玫瑰花

只要添加少许，就可以让红茶拥有高贵的香气。而且还有红玫瑰和粉玫瑰等各种不同的种类。花瓣浮上水面后，作为装饰看起来也很可爱。

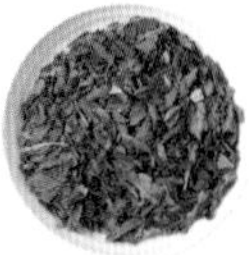

干薄荷

干薄荷是薄荷茶中不可缺少的香草类材料。它能给红茶添加爽快的清凉感，还能起到促进食欲的功效。

小豆蔻

小豆蔻被誉为"香料女王"，特征就在于可以搭配各种料理，为它们添加清爽的味道。此外，小豆蔻也可以用在水果茶中。

肉桂

肉桂独特的香气，不管搭配何种茶叶，都可以获得很好的效果。如果在调制完成后加入果子露，红茶会更加美味。肉桂的用量大致是1升水使用2根左右。

香料的甜蜜诱惑

休息一下，来杯恰依茶如何？

香料的味道，可以让口感润滑的奶茶拥有一定的刺激性。在炎热的夏季，小豆蔻可以降低体温；在寒冷的冬季，姜粉可以温暖身体。只要喝进口中，就可以感受到异国情调，大家要不要也来一杯这样的恰依茶呢？

世界各国

各种各样的恰依茶

虽然统称为“恰依茶”，但根据所在国家的不同，恰依茶也会有各种不同的个性。比如放入香料种类的不同，是否加入牛奶等。甚至，恰依茶中还存在着并非红茶的类型！

埃及

玫瑰茄花茶

克娄巴特拉也喜爱的饮料

在埃及，说到恰依茶，一般都是指对普通的红茶进行熬制后，再加入砂糖的饮料。而这里所说的玫瑰茄花茶，则是100%使用玫瑰茄的品种。也就是将干燥的花瓣进行熬煮后，加入砂糖或是蜂蜜来抑制酸味的饮料。由于玫瑰茄花茶中富含大量的维生素C、柠檬酸和钾，传说克娄巴特拉女王都为了美容而经常饮用。

印度

马萨拉茶

在日本说到恰依茶的话，一般就是指这个了！

马萨拉茶是在茶叶中加入香料后熬煮出的奶茶。在茶叶方面，印度使用的是被称为“尘茶”的粉末状茶叶，而日本则大多使用阿萨姆的CTC茶叶。在熬煮时，要加入生姜、肉桂、小豆蔻、丁香等多种香料，以及分量充足的砂糖。

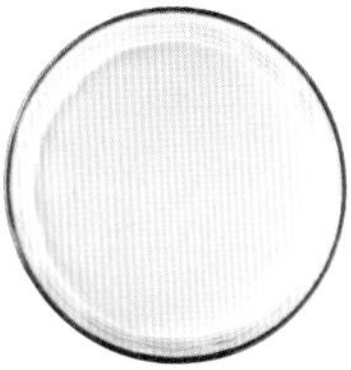

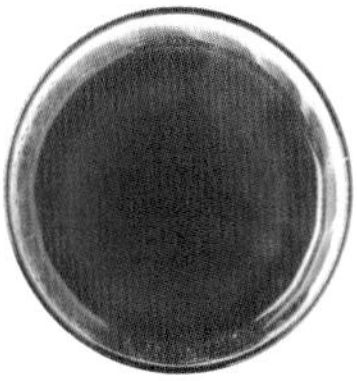

尼泊尔

恰依茶及黑茶

一天要喝上好几杯的日常味道

在尼泊尔的大街小巷中随处可见能够饮用恰依茶的小店，而且这种店铺一般都相当热闹，可以说这是尼泊尔人的社交场所之一。尼泊尔人习惯把饼干泡在恰依茶中食用。饲养了水牛的家庭，会用水牛奶来熬煮茶叶。而没有水牛的家庭，就只是喝黑茶了。尼泊尔有不少没有加入香料的恰依茶。但不管是哪种茶，里面都会加入充足的砂糖。

肯尼亚

无香料恰依茶及清饮恰依茶

早餐中不可缺少的恰依茶

在肯尼亚首都内罗毕的职场中，至今仍保留着享受下午茶时光的习惯。而且很多人的早饭和晚饭也以恰依茶为主。在畜牧业发达的内陆地区，大家喜欢加入了充足的牛奶，但不怎么加入香料的奶茶。而在沿海地区，大家喜欢的则是加入了香料的清饮茶。

土耳其

阿鲁玛茶

像果汁般的苹果茶

土耳其人一般使用“沙玛瓦尔”，或是双层的土耳其茶壶来冲泡恰依茶，并在加入充足的方糖后进行饮用。照片中是被称为“阿鲁玛茶”的苹果茶。这也是土耳其人经常喝的饮料。阿鲁玛茶中没有茶叶，拥有如同热苹果汁般的口感，所以有不少人喝过一次后就为之着迷。

制作恰依茶的必需品

推荐的香料

恰依茶的关键，无疑就在于香料的香气上。大家在制作时可以加入合乎自己心意的香料，比如肉桂、小豆蔻、胡椒等。

肉桂粉

因为是粉末，所以能迅速地释放出香气和味道。可在调制完成时对味道进行微调，也可和肉桂枝一起使用。

小豆蔻

小豆蔻是因咖喱而为人熟知的香料。我们可以碾碎小豆蔻的豆荚，享受其种子的清凉感。

问 要准备多种香料似乎是很麻烦的事情……

答 使用“恰依玛萨拉”（Chai Masala）香料包就可以轻松制作出恰依茶了！

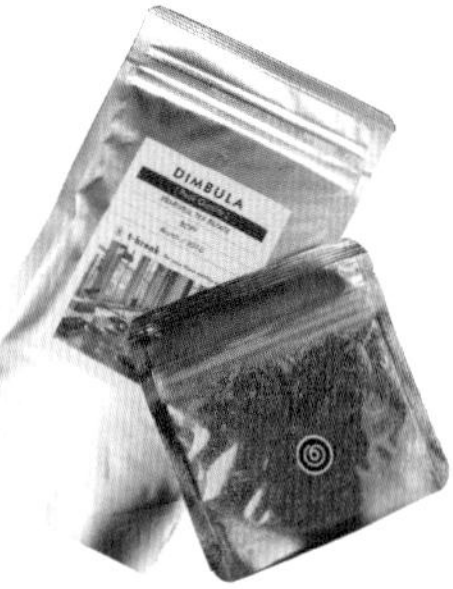

在售卖恰依茶的店铺里购买

15克/420日元

恰依茶歇时间（Chai Break）
马萨拉茶香料

公司自营的香料粉采用的是直接进口的香料，香气非常出众。茶叶则是BOPF类型的汀布拉（1,102日元）。

恰依茶歇时间

武藏野市御殿山1-3-2
☎：0422-79-9071
营业时间：11:00—20:00
休息日：周二
http://www.chai-break.com/

在香料专营店购买

19克/525日元

香料与香料（L'épice et Épice）
恰依玛萨拉

绿豆蔻可以营造出清爽的香气，非常适合与阿萨姆进行搭配。需要用小火熬煮2～3分钟。

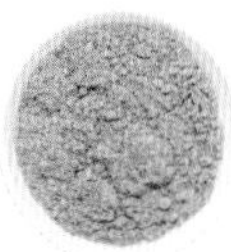

香料与香料

目黑区自由之丘2-2-11
☎：03-5726-1144
营业时间：
平日：12:00—18:00
周六日、法定节假日11:00—18:00
休息日：周三
http://www.lepiepi.com

在红茶专营店购买吧

24克/650日元

绿碧红茶苑
绿碧红茶苑玛萨拉姜粉

拥有火辣辣的生姜的味道。爽利而又容易入口，可以让身体温暖起来的调配茶。

世界的红茶·绿茶专营店
绿碧红茶苑

（客服窗口）
70120-11-2636
http://www.lupicia.com/

月桂

拥有甘甜的香气和淡淡的苦味。如果折叠叶子或是在叶子上撕出裂缝，其香气就会有所增强。

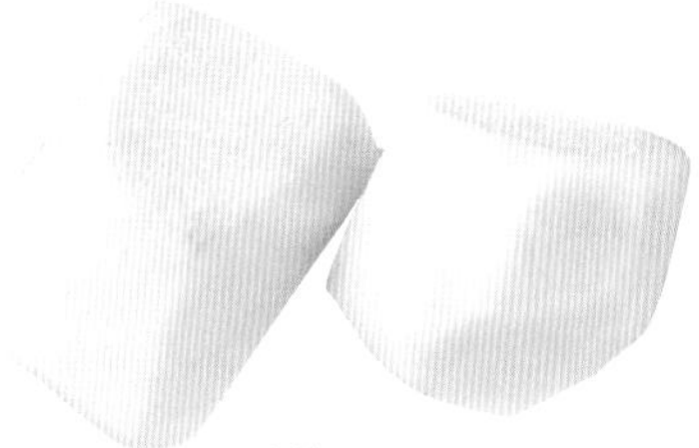

生姜

剥皮、切片、切丝、碾碎……根据处理方法的不同，味道也会有所改变。

丁香

如果把丁香的“头部”碾碎，可以得到独特的甘甜而又清爽的香气。使用时要控制好分量，不要大量使用。

问 恰依茶到底是什么茶？

答 **通过香料带来刺激感的奶茶。**

说到“恰依茶”的话，人们脑海中浮现出的多半是印度的马萨拉茶。恰依茶是将清水和牛奶放入锅中，对茶叶进行熬煮后得到的饮料。由于加入了香料或是砂糖，所以最终会营造出甜辣的口感。对于那些无法成为商品的淘汰茶，平民百姓花了很多心思，把这些茶叶变成美味的饮品，于是就有了恰依茶的诞生。另一方面，“恰依”就是由“tea”（茶）这个单词发展而来的。世界上存在着各种各样的恰依茶，比如不使用牛奶的恰依茶，不添加香料的恰依茶，甚至还有不使用茶叶的恰依茶。

八角茴香

这是中式料理中常见的香料。就算只使用少许，也能得到强烈的香气。只要加入一片就可以让味道发生鲜明的变化。

肉桂

和肉桂棒相比，肉桂的树皮要更加厚实。进行熬煮的话，会散发出强烈的芳香。

问 适合制作恰依茶的茶叶是什么？

答 **尺寸比较小，味道不会被牛奶遮盖掉的茶叶。**

我们首先需要记住的就是CTC类型的阿萨姆。CTC或是BOPF～DUST等级的茶，可以浸泡出浓郁的味道，比较适合搭配牛奶。此外，袋泡茶的茶叶也适合制作恰依茶。最好选用口感较好的茶叶。如果想要加入香料，就要尽量避免使用调味茶。

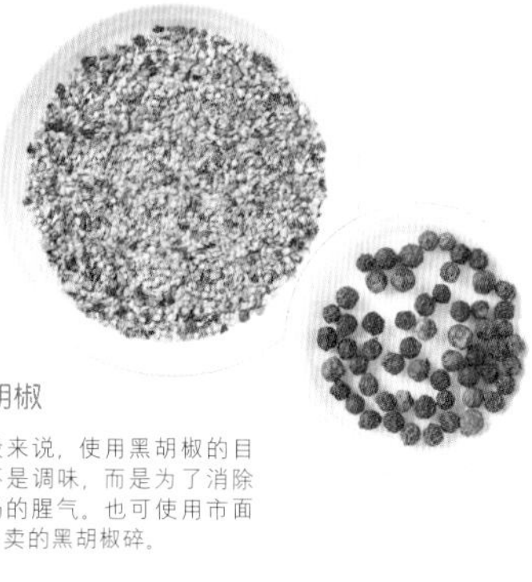

黑胡椒

一般来说，使用黑胡椒的目的不是调味，而是为了消除牛奶的腥气。也可使用市面上售卖的黑胡椒碎。

向恰依茶爱好者聚集的“那家店铺”提出请求！

请传授给我们恰依茶的调制配方

据说不同的国家，乃至于不同的家庭，都会调制出不同的恰依茶。本书中，我们将公开介绍7家能够享受到特色恰依茶的店铺的配方和调制技巧。

调制配方 1

被誉为“恰依茶之王”的 尼泊尔恰依茶

店长
吉村舞子女士

材料（供8人饮用）
- 牛奶 1升
- 清水 1升
- 茶叶 5大勺
- 砂糖 7～8大勺
- 黑胡椒 适量
- 生姜 10片

恰依茶之王

神奈川县横滨市青叶区美丘2-21-1
☎：045-901-0893
营业时间：12:00—17:00、18:00—24:00
休息日：周四及每月第一个和第三个周三
http://chai-king.com/

尼泊尔式的恰依茶300日元（18:00以后价格增加100日元）。“尼泊尔人的晚饭”1,200日元包含恰依茶和咖喱饭。请一定挑战一下用“手抓饭”的方式来享用！

“恰依茶之王”(Chai Dokoro King)茶餐厅所使用的茶叶，是伊拉姆茶的碎茶和阿萨姆CTC制成的调配茶。据说这些茶叶是由吉村女士亲自从尼泊尔采购回来的，是以最适合恰依茶的比例调配出来的原创茶。

尼泊尔的很多家庭都会饲养水牛，因此那里的人们比较习惯用水牛奶来制作恰依茶。吉村女士表示：“虽然在日本没法使用水牛奶，但我还是进行了各种尝试，希望能尽可能地接近原产地的味道。”

首先将生姜切碎备用。在锅里加入牛奶和清水，开火加热。

加入黑胡椒和生姜，熬煮至液体沸腾。香料的分量可以根据各人的口味来定。在"恰依茶之王"，一般会使用10片生姜，以及分量相当于用胡椒研磨瓶拧约20次的黑胡椒粉。

把锅中液体熬煮到沸腾。在牛奶大量冒泡，快要溢出时就把火调小。用大的茶匙盛满茶叶撒在泡沫上，一共要撒5茶匙。

用长柄匙之类的工具进行搅拌。设定好火的大小，使锅里的液体维持微微涌动的状态。不要让液体涨到快要溢出的水位。为了避免茶叶粘在锅上，在约30分钟的熬煮期间，需要不时进行搅拌。

在熬煮约30分钟后，锅中液体的体积会减少到这种程度。

这时需要关上火，用大的勺子放入7勺砂糖。然后充分进行搅拌。

当锅中的恰依茶整体混合好后，盖上锅盖，等待30分钟到1小时左右，直至恰依茶冷却下来。这样做可以让味道得到充分的融合，使恰依茶整体味道均匀。

最后，用茶叶过滤网过滤一下，即成。在饮用之前，最好再进行一次加温，调整一下味道。

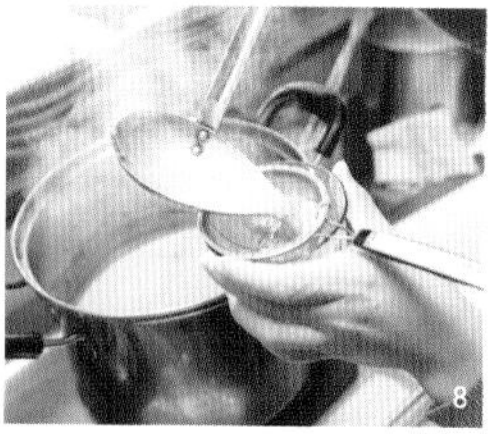

可以进行各种各样的调制！来找出自己喜欢的味道吧！

印度恰依茶300日元

丁香和肉桂可以营造出甘甜的香气，小豆蔻的清爽感和砂糖的甜度则形成了绝妙的混搭。

朗姆恰依茶 600日元

这款产品使用了曾经在国际朗姆大会上获得过金奖的尼泊尔库克里朗姆酒。这种酒是散发着朗姆酒香气的杰作。

“喀拉拉之风”的

马萨拉茶

“喀拉拉之风”茶餐厅（kerala no kaze）使用的是CTC茶叶。比起产地或是品牌来，他们更加重视茶叶是否是用CTC制法进行加工的。CTC茶叶有着不输香料或是牛奶的香气和涩味。

调制配方
2

材料（供20人饮用）

牛奶 1.2升　清水 1升

茶叶 15大勺

砂糖 160克

肉桂（枝）1小撮

（香料液所需材料）

温水 200毫升

小豆蔻 大约10粒　生姜 50克左右

黑胡椒 2大勺

★香料液的制作方法

把材料放入搅拌器中。为了便于搅拌，还需加入温水或凉水。使用搅拌器，更容易让香料的香气和味道释放出来。

1. 对1升水进行加热，并加入15大勺茶叶。

2. 加入1撮肉桂，进行搅拌，避免它们浮在茶叶上面。熬煮1～2分钟。

3. 加入1.2升牛奶。

待锅中液体烧开后，把火调小，加入160克砂糖，而后再次将锅烧开。

4. 加入香料液，调成大火，让锅中液体在短时间内沸腾起来。如果煮过火的话，香气会消散，所以需要多加注意。

5. 使用笊篱或过滤器来进行过滤。

6. 进一步用网眼细密的红茶专用滤茶器来进行过滤，即成。

350日元1杯的恰依茶。如果点了午餐或是晚餐套餐，就可以免费获得一杯恰依茶。它适合搭配着用南印度的豆子制作成小吃“瓦达”（2个500日元），一口气送进嘴里。

喀拉拉之风

大田区山王3-1-10
☎：03-3771-1600
营业时间：11:30—15:00（最后下单时间：14:30），18:00—22:00（最后下单时间：21:30）
※周三仅有晚餐　休息日：周二
http://hwsa8.gyao.ne.jp/kerala-kaze/

★

也可以用袋泡茶来代替CTC！

沼尻匡彦先生

5

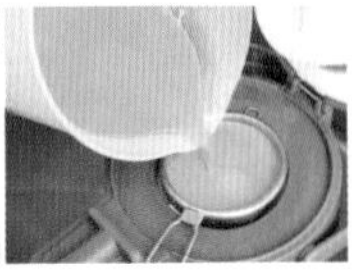

6

不要让锅中的液体溢出来！　要点

在操作步骤3及步骤4时，要让锅中液体正好处于咕嘟咕嘟冒泡的沸腾阶段。这时的关键是要用大火，而且要掌握好分寸，不要让锅中的液体溢出来。

“咖啡豆奇科”的

豆浆恰依茶

“咖啡豆奇科”茶餐厅（Cafe Mame-Hico）使用的是“马萨拉茶”。而且据说使用的并不是加入了香料的茶叶，而是针对恰依茶进行了调配的茶叶。这种茶叶在“咖啡豆奇科”的店内也有售。

1　2　3　4

800日元的豆浆恰依茶，是拥有让人垂涎欲滴的浓郁豆浆味的佳作。同时，具备让人心情愉快的柔和甜味的方糖，店内也有销售（100克150日元）。

调制配方 3

我推荐使用细粒砂糖，因为它易于溶解和释放出甜味。

上原靖代女士

材料（制作1杯时）
豆浆 200毫升
开水 50毫升
茶叶 6克
细粒砂糖 6克

混合香料
（小豆蔻、生姜）2克

1. 在锅中加入茶叶、香料和细粒砂糖，倒入50毫升开水，让茶叶展开。
2. 开火，用中火进行熬煮。当蒸汽冒出，锅中液体显露出茶叶的颜色后，再加入200毫升豆浆。
3. 因为茶叶容易下沉，所以要一面熬煮一面进行搅拌，同时还要注意避免让锅中的液体沸腾起来。
4. 当液体的四周开始咕嘟咕嘟地冒泡，就关上火，趁着余热静置约1分钟。
5. 用茶叶过滤网进行过滤，即成。

在饮用的时候，可以根据自己的口味加入方糖，让豆浆恰依茶的味道变得更加甘甜。

要点　注意“无调整豆浆”的使用方法！

“咖啡豆奇科”使用的是“无调整豆浆”。如果让锅中液体沸腾起来，就会产生出苦味。因此在熬煮时要仔细地进行搅拌，并在锅中液体沸腾起来的前一刻及时关火。

咖啡豆奇科涉谷店

东京都涉谷区宇田川町37-11
☎：03-6427-0745
营业时间：8:00—23:00（最后下单时间：22:30）
休息日：无
http://www.mamehico.com/

“红茶工房”的
柠檬牛奶茶

“红茶工房”茶餐厅这次所使用的茶叶是乌瓦茶。它独特的清凉感可以烘托出柠檬的特有味道。虽然乌瓦茶叶的香气和茶汤颜色都比较淡，但如果煮得足够浓的话，也不输牛奶。这款茶在店内也有售（30克399日元）。

调制配方 4

材料（供1人饮用/制作2杯时）	
牛奶	200毫升
清水	200毫升
茶叶	6克
砂糖	适量
鲜奶油	2茶匙
柠檬皮	指甲盖大小的7～8片

★柠檬只使用皮的部分。准备约拇指指甲盖大小的7～8片柠檬皮，将其中的2片切成细丝，用来进行装饰。此外，要事先把生奶油打出泡沫，制作成鲜奶油。再将其静置8～10分钟，使之完全变为固态。

1. 在锅中放入200毫升清水和6克茶叶，点火后再放入5～6片柠檬皮，用大火进行熬煮。
2. 当锅中液面边缘处开始微微波动，就调成中火，熬煮约5分钟。这时的窍门是不要进行搅拌。
3. 加入200毫升的凉牛奶。将火力调成比大火略为小一些的状态。当锅中液面边缘开始冒泡时关火。
4. 一面用茶叶过滤网进行过滤，一面把锅中液体转移到茶壶中去。在茶杯中加入鲜奶油和用于装饰的柠檬皮。
5. 如果从边缘处缓缓地倒入恰依茶，鲜奶油就会一下子浮上来。

柠檬的皮要尽可能切得薄一些。

上泷克美先生

1

2

3

4

要点

在加入茶叶后要尽可能不搅拌

如果此时进行搅拌的话，会使茶叶出现涩味。如果制作只用柠檬来熬煮的清爽的恰依茶，就更要注意这一点，尽量避免没有意义的混合搅拌。

红茶工房

神奈川县横须贺市马堀町3-3-2
☎：046-841-1106
营业时间：11:00—22:00
（最后下单时间：21:00）
休息日：新年假期
http://www.remus.dti.ne.jp/~tea-shop/

柠檬牛奶茶的价格是945日元。每月都会有所变化的“本月华夫饼”和“本月红茶”套餐，价格是945日元。照片中的甜点是带有开心果冰淇淋的蒙布朗华夫饼。

“非洲广场”的

肯尼亚恰依茶

“非洲广场”（African Square）店内直接进口的“肯尼亚山红茶”（200克1,050日元），是用CTC制法进行加工的BP1。它是在火山性的土壤中进行无农药栽培的茶叶，虽然属于阿萨姆系，但特点并不是很明显。

对于非常喜欢甜食的肯尼亚人来说，恰依茶是不可缺少的存在。加入了黑胡椒的恰依茶，据说还有缓和腹痛的效果。

1

2

3

4

要点

清饮茶和奶茶，这一点是不一样的！

制作清饮茶时，要缩短浸泡时间，避免出现过浓的涩味。而在制作奶茶时，要先行加入生姜、茶叶和砂糖，并熬煮3～5分钟后再加入牛奶。

调制配方 5

今天我要教给大家的，就是我以前所在海外寄宿家庭的配方。

井上真悠子女士

材料（供5人饮用时）

清水 600毫升　**茶叶** 15克

砂糖 30～40克

黑胡椒（颗粒较粗的黑胡椒碎）1把

生姜 10克

1. 用擂槌将生姜捣碎。最好把生姜处理成已经没有多少汁液，呈现颗粒状的样子。
在自家制作的话，也可使用磨碎的生姜。
2. 在锅中放入600毫升清水，将其烧开。
3. 加入生姜、砂糖、黑胡椒和茶叶。
4. 确认味道后关火，浸泡4分钟左右。
因为CTC茶叶不会展开，所以要通过观察颜色来判断火候和时间。比较浓的颜色才是最佳状态。
5. 用茶叶过滤网来进行过滤，即成。
“肯尼亚式”的沏茶方法是大量注入茶水，直至茶水溢出到了茶托里。
要像饮用枡酒般小口小口地啜吸，并且推荐把茶托里的茶也喝掉。

非洲广场

琦玉县川越市增形3-2
☎：049-241-9186
http://www.african-sq.co.jp/

神乐坂部落

新宿区若宫町10-7
☎：03-3235-9966
营业时间：18:00—24:00
（最后下单时间：23:00）
休息日：周日、法定节假日
http://www.tribes.jp

"西瓦斯林加"的

冰块肉桂茶

"西瓦斯林加"茶餐厅（Sivaslinga）使用的茶叶是阿萨姆的DUST。这里所说的DUST是茶叶的等级，也就是最细碎的粉末状茶叶。尼泊尔的恰依茶中使用的茶叶，大多是这种DUST。

5

6

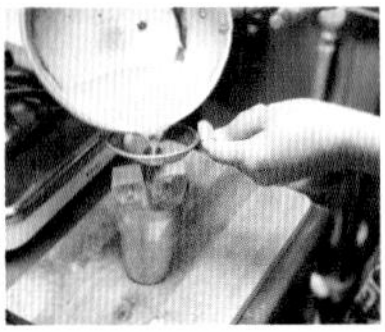

7

西瓦斯林加

世田谷区代泽2-45-9
☎飞田大厦1层电话：03-3485-5754
营业时间：平时：12:00—22:00
周五及周六：12:00—24:00
休息日：周一
http://sivaslinga.web.fc2.com/

调制配方 6

通过急速的冷却，味道可以变得更加收敛。

松本绚太郎先生
樱子女士

材料（制作1杯时）

牛奶 120毫升　**清水** 60毫升

茶叶 1茶匙

砂糖 适量

肉桂（枝） 适量

肉桂（粉） 1挖耳勺

混合香料

（丁香、小豆蔻、生姜、肉桂） 1挖耳勺

朗姆酒（黑朗姆） 少许

★事先在不锈钢杯子中放入冰块，在冰箱的冷冻室中进行冷却。

1. 在锅中放入60毫升清水，以及1茶匙的茶叶。
2. 开火，按照从中火到大火的顺序来进行熬煮，直至茶叶的颜色逐渐显露出来。
3. 分别在锅中放入1挖耳勺的混合香料和肉桂粉。
4. 在水烧开时，按照自己的口味加入一定分量的砂糖。做得甜一些的话会更加美味。
5. 待锅中液体沸腾起来后加入牛奶，并在再次沸腾后，将肉桂枝掰开放入锅中。大约2根肉桂枝就可以释放出充足的香气。
6. 待锅中液体再度沸腾后，把火调小，加入适量的黑朗姆以增添香气。这时要不时将锅进行旋转，以便锅中液体接触到空气。这样做才能获得醇厚的味道。
7. 一面过滤，一面把恰依茶倒入放着冰块的不锈钢杯子中。为了让成品出现泡沫，要从比较高的位置向下倒入恰依茶。
8. 轻轻地转动杯子，并撒上肉桂粉即可。

要点 通过急速冷却来收敛味道

能够均匀传递热量的不锈钢杯子，非常适合用来对恰依茶进行急速冷却。但是，如果使用玻璃可能会破裂，这点需要大家多加注意。

冰块肉桂茶的价格是450日元。它散发着肉桂的甜美香气，用来调味的朗姆酒也很好地融入其中。在搭配添加了充足配料的咖喱鸡肉（850日元）食用时，冰块肉桂茶可以缓和咖喱鸡肉刺激性的辣味，让人在饮用后获得清爽的感觉。

"东方为东方"的

马萨拉绿茶

"东方为东方"茶餐厅（EAST is EAST）使用的是CTC的阿萨姆。CTC茶叶提取精华的速度比较快，可以熬煮得比较浓郁，因此非常适合用来制作恰依茶。它适度的涩味也能和牛奶形成良好的搭配。

调制配方 7

把香料炒一下的话，香气会变得更加强烈哦！

高桥宏美先生

材料（制作1杯时）

牛奶 50毫升 **开水** 250毫升 **茶叶** 5～6克

带苦味的巧克力 11～12克 **肉桂（枝）** 10克

小豆蔻 5颗 **丁香** 2颗

（泡沫牛奶）

牛奶 50毫升 **抹茶** 1满满大勺

★事先在茶杯中注入开水，进行温杯。

1. 在锅中加入250毫升开水或是清水，以及1把肉桂（10克左右）。因为料理用肉桂的树皮比较厚，所以要先在水中进行浸泡，以便其顺利释放出香气来。

2. 把小豆蔻和丁香放进蒜臼中碾碎。
把香料全部放入锅里，点上火。
另取一只小锅，将100毫升牛奶加热。

3. 进行熬煮，直到香气融为一体，颜色也显露出来为止。
等出现甘甜的香气后就加入茶叶。
进行熬煮，直到白色泡沫消失，新出现的泡沫变成茶色为止。

4. 加入巧克力和50毫升牛奶。
用小型的打泡器进行充分的搅拌，一面晃动锅子一面用中火煮3分钟左右。
将剩下的50毫升牛奶注入抹茶中，制作泡沫牛奶。

5. 空气中会出现甜美的巧克力香气。这时要倒掉茶杯中的开水。
如果为了进行加工，把火调大一下再马上调小，就能感受到甜美的香气轻轻地冒了出来。

6. 把恰依茶注入杯中，再在它的上面注入泡沫牛奶。

1

2

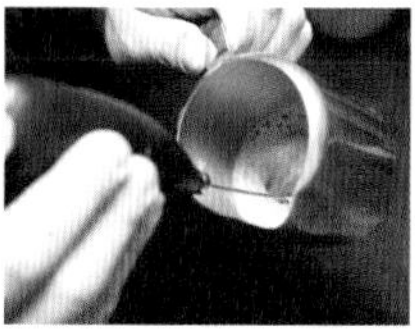
4

5

要点

因为巧克力的甜度，所以不需要砂糖

在巧克力方面，虽然使用市面上贩卖的板状巧克力也没关系，但最好还是选择乳化剂较少、香气较浓的类型。由于巧克力的甜蜜香气和味道，就算不使用砂糖，成品也会相当美味。

东方为东方

港区南青山5-9-6西南大厦2F
☎：03-5467-8309
营业时间：
平日：11:00—23:00（最后下单时间：22:30）
周六：12:00—23:00
周日及法定节假日：
12:00—17:00（最后下单时间：16:30）
休息日：周一及每月第三个周日

加入桂皮和茴香，充满香辛味道的蛋糕，与带着抹茶苦味的新鲜马萨拉茶搭配起来是600日元。还有400日元的戚风蛋糕，一起食用更加美味。

通过喜欢的茶具营造出幸福的下午茶时光

随着使用次数的增多，对它的喜爱也会逐步加深

如果在日常生活中有自己用起来觉得特别舒适的茶具，下午茶的时光也会变得更加愉快。我们向茶具的专业人士们咨询了茶具的挑选方式。

» 01 下午茶生活
» 02 酷拉拉
» 03 十二月

（1）这里还有配备着茶叶过滤网的马克杯。而且还带有杯盖，非常适合在办公室使用。（2）由于高品质的茶具套装品种齐全，有不少人来这里挑选礼物。（3）下午茶生活的原创红茶。这里的调味茶品种也相当丰富。

把红茶当作日常饮料的小椋店长相当喜欢恰依茶。在休息日，她会用牛奶来熬煮红茶，享受味道浓郁的恰依茶。“因为红茶能起到温暖身体的作用，所以我大多是在早晨饮用。”

»03

下午茶生活 银座阪急马赛克店

选择内侧是白色的或是玻璃质地的器具，最基本的要求是表现出茶汤颜色的美丽。

从每天使用的杯子，到为了特别日子而准备的杯子

“下午茶生活”红茶主题店铺（Afternoon Tea Living）一直在为大家持续提供着享受红茶的悠闲的解决方案。这里不仅有靠着稳定的品质而拥有众多回头客的经典款红茶，还不时会推出高品质的新品种红茶，让顾客体验到惊喜的滋味。这次，我们在银座阪急马赛克店中，向工作人员请教了红茶器具的挑选方式和欣赏方式。

“在挑选红茶杯子的时候，我建议大家首先要挑选能够表现出美丽茶汤颜色的类型。比如内壁是白色的杯子，或是耐热的玻璃杯也是不错的选择。”小椋店长说道。“此外，茶杯与茶托套装中的茶杯，以及马克杯的把手，都有着各种不同的形状，所以大家必须好好确认把手是否好拿，再进行购买。这一点也很关键。”

在想要用茶具套装作为礼物送人时，或是自家想要多准备几件配套茶具时，小椋店长建议大家在确定想要的风格后，进行随机的组合。

“与其全部使用同一个款式的器具，还不如进行随机的组合。只要材质一样，比如都是陶器或都是瓷器，且色调也一致的话，茶具看起来就会有和谐统一的感觉。在自己独自饮用红茶的时候，可以根据心情来挑选不同的茶具；在与客人或是家人一起享用红茶的时候，餐桌也能显得更华丽一些。”

带有橄榄枝图案的茶具套装

每年都会出新的“纪念叶”（Memorid Leaf）系列茶具。已经迎来10周年纪念的这一系列。今年的图案除了叶子之外还添加了橄榄果。背面轻描淡写地标注了纪念年号的茶壶价格是3,675日元，茶杯及茶托是1,680日元，奶壶是1,260日元，糖罐是1,470日元，蛋糕碟是1,365日元。

耐热玻璃质地的水壶、马克杯、杯子及杯托

玻璃质地的水壶和杯子，可以在微波炉中使用。水壶的价格是3,990日元，马克杯是1,050日元，杯子及杯托是1,890日元。

更纱的马克杯

以印度的更纱为主题制作出来的马克杯。其优雅而且有品质感的设计风格，也很适合用来招待客人。3,150日元（门店限定商品）。

杯子及杯托（黑娃娃牌）

杯子及杯托上的黑色花草让它们拥有了成熟的风格。仿佛荷叶边一般的轮廓，以及边缘处的白金色线条看起来都十分美丽。2,100日元。

玻璃碗

虽然陶瓷的碗不错，不过玻璃碗给人的感觉更加清凉舒服。其边缘上的金色部分也起到了很好的装饰作用。1,050日元。

奶油色的碗（耐热）

这是非常适合用来盛放饼干或糖果的碗。它柔和的色调可以很好地搭配各种餐桌。525日元。

✔ 外售商品！

向店长小椋女士询问

中意的茶具和红茶

据说，店长小椋女士喜欢用线条圆润的牛奶咖啡碗来饮用奶茶。下午茶生活店中的“恰依茶”和“焦糖布丁”的浓郁香气与诱人味道，让不少人都成为了这里的回头客。（咖啡牛奶碗是参考商品）。

下午茶生活
银座阪急马赛克店

东京都中央区银座5-2-1
马赛克银座阪急店2F
☎：03-3575-2075
营业时间：10:30—21:00
休息日：无
http://www.afternoon-tea.net

搪瓷壶

可以直接放到火上加热的搪瓷质地的可爱水壶。可以用来烧开水，也可以用来充当茶壶。4,725日元。

杯子及杯托（蝴蝶图案）

这套茶具的图案主题就是盛开的花朵和被花香吸引过来的蝴蝶。骨瓷的白色与金色的线条相映成辉，让茶具看起来格外美丽。2,940日元。

杯子及杯托（圆点图案）

外侧是粉色的圆点，内侧则是描绘出波浪纹路的金色圆点。这种设计从上面俯视，就像花朵一样，可爱而又不失高雅。2,625日元。

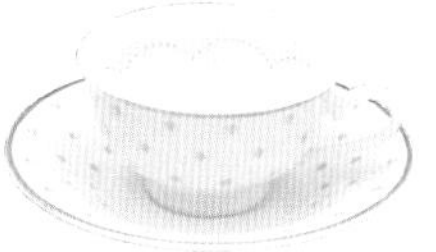

从正统派到休闲风格的混搭

杯子及杯托（初恋）

品位高雅的杯子及杯托上除了给人温和印象的花朵与果实图案之外，还点缀着金色圆点。其内侧也仔细地添加了金色的线条。2,625日元。

木质的沙漏（可计时3分钟）

说起沙漏，大家脑海中浮现出的形象恰恰就是这样的吧！也让人很想作为室内装饰品摆上一个。1,260日元。

白色浮雕的杯子及杯托

这套器具的点睛之处，就在于波浪般的杯口线条和杯壁上有形状类似于花瓣的浮雕部分。其高雅的设计，让它成为了下午茶生活店中的经典款之一。1,575日元。

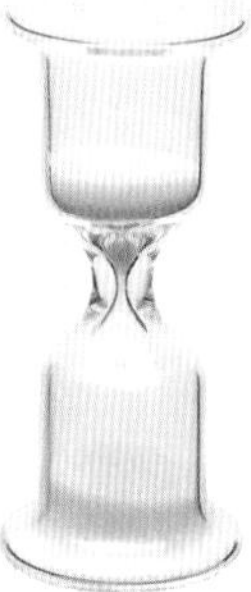

玻璃质地的沙漏（可计时3分钟）

要想获得美味的红茶，关键就在于优质的茶叶和焖泡茶叶的时间。所以沙漏也是不可缺少的道具。630日元。

牛奶咖啡碗及牛奶咖啡壶

“下午茶生活”店销售杯子的历史其实是从牛奶咖啡碗开始的。它们魅力十足，拥有丰富多彩的颜色和形状。牛奶咖啡碗的价格是2,100日元，牛奶咖啡壶是参考商品。

酷拉拉最早是一家网店，在2010年也开设了实体店。店铺虽面积不大，木质的外壁却让人感觉十分舒服。身为老板的泷泽夫妇，会轮流在这里看店。

通过喜欢的茶具营造出幸福的下午茶时光。

这是一家收罗了各种北欧器具和杂物的精品店，从海外的古董款到新晋设计师的作品应有尽有。每隔2个月，这里还会开设一次贩卖面包和点心的集市。

»02

酷拉拉

让人想要长期使用的北欧风格的时尚设计

想要挑选有品味的器具就要来这里

北欧的器具有让人心动的色彩搭配，形状虽然简约却也极具设计感。明明北欧风情十足，却又能刺激到东方人的感性神经。“酷拉拉”（Klala）便以这样的器具为主，收集了众多时尚而又新颖的商品。其中既有年轻设计师的作品，又有对传统的工艺技术进行了改良的商品。虽然“酷拉拉”原本只是家网店，但现在也在三家茶屋开设了实体店。

身为老板的泷泽先生表示：“对于古董款之类的商品，还是希望大家能有机会实际拿到手里看一下。而且店里也会放置一些网上没有介绍的设计师的作品。”这里不光有出众的茶器，还有很多适合用在茶会上的小物件或是摆盘，品味也很不错，据说不少人都是买回去当作礼物送人的。“酷拉拉”的老板有时需要亲自去采购商品，因此二人是采用轮班的方式来管理店铺的。

在“酷拉拉”的店里，还出售包装相当时尚的“运茶快船”的茶叶。“这款包装非常可爱吧？味道也是一流的，而且因为是袋泡茶，所以喝起来非常方便哦。”老板娘阿绿女士如此说道。不含咖啡因的红茶，也深受孕妇们的喜爱。当然了，因为她自己也喜欢红茶，所以在想要放松一下的时候，经常会喝一杯温暖的奶茶。就算是忙里偷闲，也想要享用喜欢的器具和红茶，安抚一下自己的身心。

瑟荷姆水壶

SOHOLM

“瑟荷姆”(SOHOLM)系列的大容量水壶，适用于人数众多的派对。有重量感，使红茶不容易冷却。14,700日元。

杯子及杯托

Jens H.Quistgaard

由奎斯特卡德设计的“LEAF”系列的杯子及杯托。重叠的叶子图案和渐变的颜色非常美丽。4,200日元。

不会让人厌倦的式样
最适合在每日的
下午茶时光中享用

杯子及杯托的三件套

以玫瑰作为主题的正统派茶杯。金色的边缘为其演绎出了高档感。这是英国的古董款茶杯，生产厂家不明。2,200日元。

杯子及杯托

ARABIA SNOWFLAKE

由芬兰的阿拉比亚公司制作出的古董款茶杯。灰色的底色上分布着雪花结晶，看起来很有冬天的感觉。而且杯子内沿也描绘了这种图案。5,800日元。

外售商品!

向身为老板的店长泷泽先生询问
合乎心意的茶具和红茶

泷泽先生中意的茶具，是拥有清爽的设计风格的，乔纳斯林霍尔姆(JONAS LINDHOLM)和饭千(Yumiko Iihoshi)的产品。此外，他还喜欢用给人温暖感觉的亚麻制品或是不锈钢制品来搭配杯垫。在红茶方面，他喜欢的是庄三咖啡(SHOZO CAFE)的产品和马瑞格佛芮勒斯的产品。同时他也推荐了自己店里的“运茶快船”茶叶。

酷拉拉

东京都世田谷区太子堂5-13-1-1层
☎：03-5787-6927
营业时间：11:00—19:00
休息日：周二
http://www.klala.net/

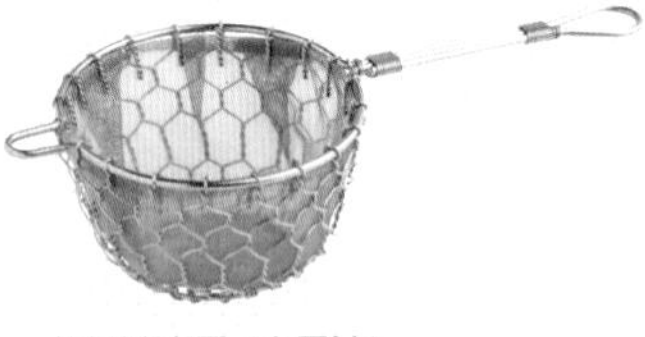

茶叶过滤网（金网辻）

使用了京都传统工艺的“金网辻”品牌的茶叶过滤网。因为外国的茶壶很多都没有过滤装置，所以一个这么可爱的茶叶过滤网，是很有必要的。3,780日元。

西式餐具

sara petelic

使用了水牛角等材料，拥有美丽颜色和光泽的勺子和茶匙。它们分别拥有不同的形状设计，光是拿在手里，就可以让心情变得愉快。

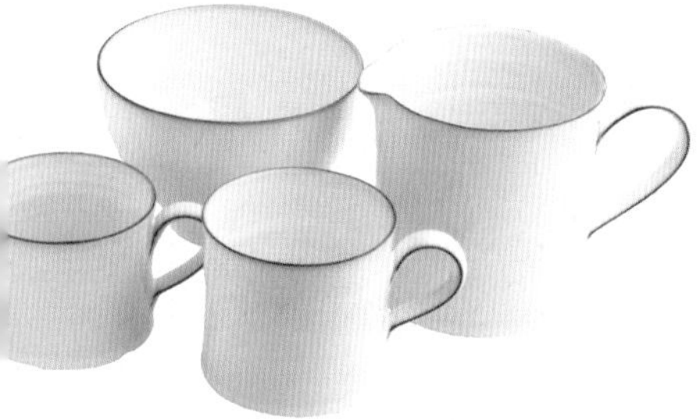

糖杯
Jens H. Øuistgaard

“叶”（LEAF）系列的砂糖容器。如果事先在里面放入可爱的方糖，打开时就充满了话题性，感觉相当有趣。喝红茶或是咖啡的时候都可以用得上。6,090日元。

牛奶咖啡碗·马克杯·盛奶壶
JONAS LINDHOLM

瑞典的设计师乔纳斯林·霍尔姆的作品。虽然手感类似于搪瓷，但是薄而结实，也可以在微波炉中使用。

杯子及杯托
FIGGJO MARKET

“玛吉特”系列中的产品，色调很有古董款的风格。其华丽图案，被用白描般的笔触描绘了出来。4,800日元。

摆盘（菲吉奥玛吉特）

“玛吉特”系列中的盘子。通常用来盛放点心或是蛋糕等食物，在食物吃完时盘子上的图案也会露出来，让人的心情也因此而变得愉快。3,500日元。

奶壶及勺子（阿拉比亚）
ARABIA

阿拉比亚公司的古董款奶壶，拥有非常简洁的颜色和形状，因此适合搭配个性化的杯子。4,000日元。

杯子及杯托的套装

单纯朴素的杯子造型，体现出经典的美感。搭配不锈钢质地的杯托，凸显其硬朗、大气的格调。生产厂家不明。2,200日元

杯子及杯托的三件套
NISSEN

杯子、杯托和盘子的三件套，以“热诚”（CORDIAL）系列的心形图案为主题。这组三件套可以让大家从下午茶时光中感受到温暖。7,560日元。

杯子及杯托的三件套（瑟荷姆）

这是丹麦的“瑟荷姆”品牌的杯子、杯托和盘子组成的三件套，其蓝色和棕色的颜色搭配美丽而又很有存在感。7,350日元。

十二月茶具店关键词是"让人心动的生活"，这里以设计师的作品为主，收罗了各种各样的器具，比如在旅行时发现的产品，或是在二手市场发现的东西等等。只要拥有一个，日常生活似乎就能增加一些乐趣。

因为店面位于距离车站有一定路程的山中，所以大家最好通过官方网站等来确认一下地图。这里每年还会召开约6次的企划展。

通过喜欢的茶具营造出幸福的下午茶时光。

»03

十二月

不拘泥于茶杯，自由地选择器具

享受杯子和杯托的组合

“十二月”(Junitsuki) 的店面，位于要顺着民宿和森林边的坡道向上爬一段的地方。甚至会让人产生“在这种地方居然也有店铺?”的念头。如果把它形容为“在等候着客人”的话，也许会更加合适一些吧。

在打开面积不大的房子的拉门后，就会看到被设计师们注入了生气，经历过漫长旅行的各种器具。甚至会陷入“它们正在等候着自己未来的主人”的错觉中。如果想要寻找在其他地方难得一见，只属于自己的合意器具，和它们一起享受日常生活的话，我们建议大家来这家店铺看一看。

在由房子的一个开间改造成的店面中，收罗了各种各样的物品。比如古老而又别有趣味的杯子，还有古典礼服和二手书籍等。整个店内都洋溢着让人想要休息一下的舒适氛围。而营造和展现出这种氛围的人，就是这家店铺的老板富山女士。

富山女士认为，和咖啡等其他饮料相比，红茶往往会给人比较正式的印象。因此她建议大家在饮用红茶时，最好选择就算外形上比较休闲，也能表现出优雅感的器具。

比如说，就算是水杯或盂之类的器具，如果巧妙地和小盘子组合在一起的话，也能成为优雅的茶杯及茶托。猪口杯之类的小型器具，因为可以用来一点点地享受多杯的红茶，所以也非常适合用在以欣赏香气为主旨的“闻香茶会”上。不要因为形状而下定论，比如这个是日本茶用的，那个是红茶用的，而是可以通过自由选择别有趣味的器具冲泡茶水来享受日常的下午茶时光，这应该也是很有乐趣的事情。

抹茶碗

握住时的手感相当柔和，淡淡的驼色让它看起来也非常舒服。在营造和风与西洋式氛围时都可以使用。大家可以用它来享受分量充足的红茶。3,675日元，岩田圭介作品。

花盂和不锈钢盘子

瓷器的杯子和不锈钢的杯托，形成了质感与众不同的组合。杯子3,300日元，永冢夕贵作品；杯托4,500日元，成田理俊作品。

杯子及杯托

在颜色淡雅的青瓷质地上，晕染出浓淡不一的花纹。式样简洁而又易于使用。2,000日元，安斋新·温子作品。

猪口杯和花盘

中国清朝的猪口杯，与拥有花朵形状的清雅杯托的组合。非常适合用来一点点地饮用调味茶。杯托为永冢夕贵作品。

水壶

据说它类似于飞鸟翅膀般的把手，和类似于犬鼻的壶嘴，让很多年轻女性都对它一见钟情。因为壶口比较大，也易于清洗。12,600日元，太宰久美子作品。

❯ 外售商品！

向老板富山女士询问

中意的茶具和红茶

富山女士是把触感良好的水杯（太宰久美子作品）当作茶杯来使用的。圆形的水壶（小山乃文彦作品）就算有了破损，也依旧是她非常珍视的茶具。她说："我喜欢马瑞格佛芮勒斯的红茶，最近比较喜欢滴上玫瑰露后饮用。"

陶壶

烧制的陶壶，伴随着持续的使用，会越来越有韵味。据说它圆润的形状，也可以在冲泡红茶时引起对流，让茶叶变得更加美味。10,500日元，石田诚作品。

十二月

神奈川县横滨市青叶区铁町1265
☎：045-350-6916
营业时间：11:00—17:00
休息日：周一——周三
http://www.12tsuki.com/index.html

杯子及杯托

瑞典的古董款杯子。北欧的咖啡杯往往比较小，而可能因为喝茶量大一些，所以红茶杯大多比较大。2,800日元。

茶罐

为了能够密封住罐口而使用了木制盖子的茶叶容器。拥有可以直接放在桌子上的考究形状。富山孝一作品。

玻璃杯及杯垫

玻璃杯适合用来饮用冰茶。杯子上蝴蝶结的不对称感别有一番趣味。这样的杯子适合与手工编织的柔软杯垫（1,470日元，松下香叶子作品）搭配在一起。

片口

相当有存在感的一款片口。如果在茶壶里冲泡，可能会倒出过多的茶叶。所以，或许也可以尝试一下用片口来充当公道杯。4,200日元，鹤见宗次作品。

对个性化的杯子一见钟情 用设计师的作品来喝一杯

杯子及杯托

据说是在二手店找到的意大利的杯子。手绘的花朵看起来十分可爱，而且还有足够的厚度，可以让人体味到手工制作的温暖感。1,200日元。

水壶

用釉药表现出结实感的粉引壶。壶身的尺寸比较大，便于引起对流，也适用于人数较多的茶会。壶盖也是平板状的，看起来相当有个性。7,350日元，广川绘麻作品。

搪瓷杯

由设计师一个个地亲手制作出来的，故意营造出古旧感的搪瓷杯子。其特征是温度容易传递到手上，且香气和颜色不容易附着在杯身上。海野毅作品。

高脚杯

使用了转移印花的工艺，每个杯子的图案都各不相同，图案的组合精致而又优雅。4,400日元，比留间郁美作品。

糖罐

这款外形类似苹果的带盖容器是用来盛放砂糖的。这是"青蛙食堂"的主人特意为店里制作的器具，使用时的手感极佳。1,575日元，松本朱希子作品。

想要为了“这一杯”而外出

红茶店家的介绍

在自己家里享受红茶固然不错，但偶尔在外面度过一段悠闲的下午茶时光，也是相当愉快的事情。下面我们就带大家拜访一下可以享用到美味的红茶，并度过美好时光的市内与近郊的红茶店。

01

品尝着手工制作的甜点，
喝下精心冲泡的红茶

奔奔红茶店

阿萨姆红茶，525日元。在浓厚的味道中可以感受到甜度。第一杯采用清饮的方式，从第二杯开始则可以饮用奶茶。

在温馨的店内，享用红茶与甜点这样的下午茶极度美好

店主小木曾先生和姐姐初鹿野女士，一起在1997年开设了这家“奔奔红茶店”(Bun Bun)。现在，小木曾先生的夫人也加入了进来，和他们一起在充满家庭味道的舒适空间中，为大家提供美味的红茶。

小木曾先生和初鹿野女士当初之所以开设这家店铺，是因为红茶对他们来说是非常亲近的存在。此外，在去印度旅行时，在当地喝到的美味的大吉岭春摘茶让他们十分感动，乃至萌生了“想要让大家在日本也能喝到新鲜的红茶”的想法，于是最终开设了这家奔奔红茶店。在茶叶方面，他们准备了来自印度、斯里兰卡、非洲和中国的共计11种茶叶。他们精心冲泡出的红茶，会一点一滴地渗透进顾客的身心中。此外，他们还表示：“第一杯请大家用清饮的方式来品味，这样可以享受到不同红茶的独特个性。”

1. 司康饼与红茶的套餐，840日元。 **2.** 店里对旧时的红茶罐进行了可爱的展示。 **3.** 木制的空间中洋溢着舒缓的氛围。 **4.** 从镰仓车站出来，向长谷方向步行7分钟左右，就可以到达奔奔红茶店。

推荐的红茶

1 大吉岭夏摘茶

浓缩的美味，可以让人充分地享受到芳醇宜人又带有清爽感的香气。店内饮用630日元，外售：50克945日元。

2 阿萨姆CTC

因为只需要较短的焖泡时间就可以让味道充分释放出来，这款茶叶在店内是用来制作恰依茶的。味道相当浓郁。外售：50克525日元。

3 顶级乌瓦

飘荡着薄荷般的清爽香气的乌瓦。就算是在饮用完毕后，让人心情舒适的香气也会久久萦绕。店内饮用630日元，外售：50克735日元。

店铺信息

奔奔红茶店
神奈川县镰仓市佐助1-13-4
☎：0467-25-2866
营业时间：10:00—19:00
休息日：每月第三个周二
http://www.bunbuntea.com

02

红茶、点心与空间三者俱全的休闲时光

玛雅恩琪
Mayanchi

身为老板的八代真由美女士制作的味道柔和的点心极受好评，她的点心教室也相当有人气。

店铺信息

红茶与点心玛雅恩琪
东京都大田区蒲田5-43-7皇家高地2层
☎: 03-6276-1667
营业时间: 11:30—18:30
休息日: 周日, 周一
http://mayanchi.com

1. 让人仿佛置身于家中般的舒适空间。内部装修是八代女士的丈夫亲自动手操持的。
2. 装饰在入口附近的玻璃罐装饼干也形成了很好的视觉效果。店内飘荡着柔和甜美的香气。
3. 店主引以为傲的下午茶套餐，价格为1,600日元起，能够同时品尝到点心、三明治和红茶。虽然分量不少，但是顾客基本上都会把它们吃完。

享受红茶与点心的完美结合。这就是“玛雅恩琪”的风格！

“红茶与点心玛雅恩琪”茶餐厅（Mayanchi）在高级公寓的一个房间中构筑了舒适的空间。身为店主的八代女士，爱好就是制作各种点心。因为希望能有更多的人品尝到自己的点心，她在4年前开设了这家店铺。她亲手制作的点心，都是以“适合家人食用”为基本准则。因此使用的都是安全的食材，虽然式样简单，却不容易让人吃腻。

而进一步烘托出这些甜点的，就是店中多达40余种的红茶。在店内的菜单上，罗列了中国、日本、印度和非洲等不同产地的红茶。不管是哪一种红茶，都是八代女士以“体现出产地的特征”为标准，在亲自品饮后选择出来的。

八代女士在店内开设的点心教室和红茶教室也很有人气。红茶教室的课程总共分为4次，包含了红茶的基础知识，冲泡方法和实践教学等内容。顾客“通过对于红茶世界的了解，对美味的体验也会不断扩展哦。”

推荐的红茶

1 大吉岭瑟波茶园

2010年的春摘茶“月光石”。店内饮用：1,200日元（可能会因为季节的不同而出现价格变更或断货的情况）。

2 汀布拉

适合搭配各种点心的红茶。无论是采用清饮法，还是制作成奶茶，都可以获得充足的享受。店内饮用：500日元，外售：50克400日元。

3 正山小种特级

被称为“红茶元祖”的中国福建省的红茶。同时具备了烟熏香和果香。店内饮用：700日元。

03

洋溢着古典气息的
正宗红茶精品店

拉维尼亚茶屋
（Tea Room LAVINIA）

拥有细腻香气和涩味的高档锡兰茶努沃勒埃利耶，580日元。可以搭配黑加仑与木莓的水果馅饼（560日元）一起品尝。

1. 店主加藤女士表示："我希望能让更多的人了解红茶所拥有的味道魅力，传递出红茶真正的美味。"
2. 距离学艺大学车站约有徒步2分钟的路程。同时也是日本红茶协会认证的"美味的红茶店"。
3. 店内装修风格为英国乡村风。
4. 以能够配合红茶涩味的水果馅饼与烘焙糕点为主，店内准备了20多种高人气的自制甜点。

店铺信息

拉维尼亚茶屋
东京都目黑区鹰番3-14-2-101
☎：03-5722-3773
营业时间：10:00—20:00
（最后下单时间：19:30）
休息日：周三、每月第三个周四

推荐的红茶

1 古董款乌瓦

味道、香气和颜色都非常出众的最高级别的锡兰红茶。拥有爽快的涩味。店内饮用：880日元，外售：100克2,400日元。

2 豪华大吉岭

拥有"麝香葡萄风味"的独特香气，让这款大吉岭茶极具人气。店内饮用：630日元，外售：100克1,200日元。

3 祁门

拥有让人联想到兰花香气和浓郁味道的中国代表性红茶。店内饮用：630日元，外售：100克900日元。

店长引以为傲的甜点会烘托出红茶的涩味，为大家传递幸福的余韵

于1996年在学艺大学开张的"拉维尼亚茶屋"（Tea Room LAVINIA）中的红茶，基本上都是大阪的老字号店铺"音乐之茶"（MUSICA TEA）的产品。店长加藤说："学生时代，我在'音乐之茶'茶屋中，第一次喝到了用茶壶冲泡的红茶，当时觉得非常感动。"她为餐厅精心挑选了20种以最佳品质而著称的该品牌的红茶。

加藤店长在甜点上所花费的心血并不逊于红茶。加藤店长表示，自己因"红茶店"而着迷，一直以来的梦想就是拥有一家自己的店铺，所以秉持着"在甜点上也不能偷工减料"的理念，她还曾经去西式点心店工作，借此来积累经验。而加藤店长制作的朴素而又不失个性元素的甜点，也拥有众多狂热的粉丝。在这个被带有温暖感的古董家具所包围的空间中，大家可以搭配着精心冲泡的红茶，一起来品味甜点。

04

伴随着音乐
一起度过的舒适时光

月光茶房

推荐的红茶

1 大吉岭

蔷帕拉茶园的茶叶拥有高雅温和的口感，能让人感觉到醇厚的涩味。店内饮用：600日元。

2 阿萨姆

多玛拉茶园的茶叶，把扎实的口感与鲜明、醇厚的风味很好地调和在了一起。店内饮用：600日元。

一面听唱片，
一面饮用精心冲泡的红茶

在“月光茶房”茶吧中，包围着厨房的吧台大概有10个座位。顾客可以在那里一面倾听店主原田先生所挑选的唱片，一面享受红茶、咖啡以及简单的食物。在大家面前被精心冲泡出来的红茶，使用的都是“茶珠”的森国安先生精挑细选的茶叶。虽然红茶的种类不算很多，主要只有大吉岭、阿萨姆、格雷伯爵茶和祁门红茶等，但因为每到收获季节就会进新货，所以大家在这里，可以享受到由于季节不同而出现的味道变化。由于店主对咖啡和休闲食品等方面也很讲究，因此店里的咖啡使用了“咖啡工房堀口”的咖啡豆，还可搭配“迈斯特东金屋”（Meister）极具人气的的香肠与培根的三明治。

店铺信息

月光茶房
东京都涉谷区神宫前3-5-2 EF大厦地下1层
☎：03-3402-7537　营业时间：13:00—23:00　休息日：周日、周一
http://home.catv.ne.jp/ff/pendec/

2

3

1. 由于原田先生的理念是“希望大家能品味到红茶最美味的状态”，因此他连把红茶倒入杯子这个环节都要亲手进行。
2.3. 店内面积不大，大约是33平方米左右。原田先生根据顾客的气质选择唱片，让店内流淌着悦耳动听的音乐。

1

想要在茶室中悠闲地享用那个品牌的味道

红茶品牌“立顿”秉承着“从茶园到茶壶”的理念，对面向全球普及红茶文化做出了极大的贡献。在立顿位于银座的立顿茶屋（Lipton Tea House Ginza）中，大家可以在拥有经典而又时尚的室内装修风格的店内，饮用大约30种高品质红茶，从中体验到立顿对于茶叶本身美味的考究。此外，这里用来搭配红茶的甜点和料理也极具人气，从前菜到餐后甜点，都凝聚着曾经在法国餐厅累积了诸多经验的厨师的大量心血。11:00—15:00点是午餐时间，15:00—18:00是下午茶时间，18:00点以后是晚餐时间。在不同的时间段可以享受到不同的乐趣，也是这家店铺的魅力之一。饼干或是甜点类的食品还可以外售。

05

把红茶传播到全世界的立顿茶屋

立顿茶屋银座店

1

2

3

1. 立顿茶屋调配茶，1,000日元。以锡兰的汀布拉和印度的阿萨姆为基底，是银座店的限定版红茶。
2. 店长长谷川先生拥有红茶讲师的资格证。
3. 拥有40个席位的宽敞空间。内部厨房制作出的饼干及蛋糕等食品也可外售。

推荐的红茶

1 立顿锡兰乌瓦

让人可以从涩味中体验到爽快感的红茶。茶汤颜色红而深邃。店内饮用：1,000日元，外售：100克罐装，2,310日元。

2 立顿阿萨姆夏摘茶

拥有清爽香味的夏摘阿萨姆。拥有浓郁中带着一些甜度的味道，口感润滑。店内饮用：1,260日元，外售：100克罐装，3,780日元。

店铺信息

立顿茶屋银座店
☎：03-5159-6066
营业时间：11:00—22:00
休息日：无
http://www.liptonhouse.com

06

可畅享北欧红茶与巧力的小店

树叶暴风雨

推荐的红茶

1 卡鲁斯滕森调配茶

加入了香草或柑橘类水果提取物，香气丰富。店内饮用：441日元，外售：40克1,365日元。

2 奶油焙茶

拥有甘甜香气的奶油茶和焙茶的调配茶，也是不断赢得回头客的产品。店内饮用：410日元，外售：40克1,365日元。

在北欧风格室内用具的包围下，享用优质的巧克力

树叶暴风雨（Leaf Storm）是一家经营北欧红茶与巧克力的小型店铺。这里的红茶是由在丹麦经营红茶精品店的卡鲁斯滕森先生调配出来的。味道特征是柔和的涩味与少许的甜味，感觉相当容易入口。这里还比较让人感兴趣的，就是使用了纸杯作为茶器。把茶叶装入纸杯中，再利用充当滤茶器的原创盖子，就可以饮用红茶了。这种方式比使用茶壶来冲泡要简便不少，同时又比使用袋泡茶冲泡的口感要正宗一些。大家还可以在这里享受新型的品茶方式，那就是搭配着瑞典极具人气的“拉德法布利肯”的巧克力来饮用红茶。

店铺信息

树叶暴风雨
东京都目黑区柿之木坂1-6-27
☎：03-6228-1128
营业时间：12:00—19:00
休息日：不定期
http://leafstorm.exblog.jp/

1. 口感爽快的早茶，店内饮用：410日元，外售：40克1,260日元。巧克力，1份210日元起。
2. 店内摆放着简洁的北欧风格室内用具，面积不大，但是感觉相当可爱。
3. 从瑞典直接进口的巧克力甜度适中，很有高级品味。

2

3

1

07

在日本老字号红茶店里
感受慢节奏的生活

高野茶屋

在老字号茶屋中品味红茶本身的味道和香气

1974年，在日本还没有专门的红茶店的时代，"高野茶屋"（Tea House TAKANO）就作为红茶店的先驱开张了。它位于林立着众多二手书店的神保町，至今都受到众多红茶爱好者的青睐。身为老板的红茶研究家高野健次先生如此表示："受到祖父的影响，从小对我来说红茶就是非常亲近的饮料。当时还没有专门经营美味红茶的店铺，所以我就想，那就干脆自己开一个好了。""红茶产地的水质和日本的水质不同，所以味道也会出现差别"，因此高野先生都事先用原产地的样本在自己的店内进行品饮，只购买自己觉得不错的产品。因为可以品味到优质的红茶，所以这里有不少来自日本全国各地的粉丝。

由锡兰茶、吐司和色拉构成的早餐套餐，价格是480日元。这款直到上午11点都可以品尝到的套餐，其实也拥有隐形的人气。

推荐的红茶

1 锡兰茶

由于标准而又让人百喝不厌的味道，自从开店之后，锡兰茶就成为了这里的招牌茶。建议大家以奶茶的方式来饮用。店内饮用：480日元，外售：50克330日元。

2 大吉岭夏摘茶

蔷帕拉茶园的大吉岭。其特征是丰厚而又柔和的香气，以及醇美的味道。店内饮用：650日元，外售：50克1,500日元。

店铺信息

高野茶屋
东京都千代田区神田神保町1-3 寿大厦地下1层
☎ 03-3295-9048
营业时间：平日：10:00—21:30；周六、周日及法定节假日：11:00—19:30 休息日：无
http://www.teahouse-takano.com

1. 高野茶屋引以为傲的锡兰茶，480日元。是用追求便利度的原创茶壶冲泡出来的。
2. 老板高野健次先生表示："正因为身处这样的时代，我觉得大家更需要拥有'可以悠闲地饮用红茶'的时光。"
3. 茶屋位于拥有多家二手书店的神保町。店内空间相当宽敞，店面中央放置了大型的桌子，店内共有60个席位。

1. 这里的茶壶和茶杯，都是老板亲自设计的原创产品。
2. 水果派和磅饼等大约10种的甜点也极具人气。
3. 店内还展示着山田诗子女士的绘本及明信片等周边产品。

店铺信息

卡莱尔恰佩克甜品店
东京都武藏野市吉祥寺本町2-15-18
☎：0422-20-1088
营业时间：11:00—19:00
休息日：周四
http://www.karelcapek.co.jp

08

仿佛英国茶室般的室内设计
给人的感觉很可爱

卡莱尔恰佩克甜品店

在仿佛绘本中的世界一般的店内，度过放松而悠闲的时光

“卡莱尔恰佩克甜品店”（Karel Capek Sweets）的老板，是拥有红茶讲师资格证的绘本作家山田诗子女士。店内的空间小巧可爱，让人联想到英国的茶室。这家店铺的主题就是“愉快地享受美味的红茶”。从茶叶的选择、调配茶的配制到茶叶罐和店面的设计，都是由山田女士亲自把关的。因此店内给人的感觉就像是绘本中的世界。这里的红茶品种大概在20种上下，包括了应季茶和经典款。大家可以搭配着店内提供的蛋糕、司康饼和饼干，用原创的茶壶和茶杯来享受高品质的红茶。

推荐的红茶

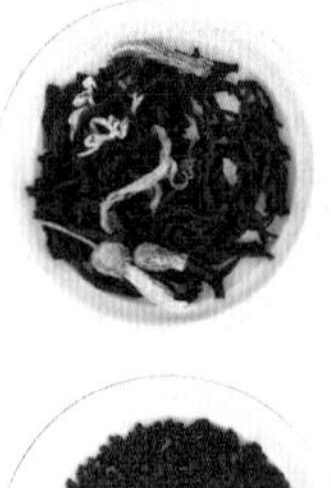

1 少女茶

可以享受到金盏花和草莓的甘甜香气的红茶。也可以制作成奶茶。店内饮用：420日元，外售：50克1,260日元。

2 卡莱尔恰佩克奶茶

让人想要每天饮用的口味较轻的调配奶茶，请大家在马克杯中倒入充足的奶茶吧。店内饮用：530日元，外售：50克1,260日元。

09

老字号店铺的茶叶
是老板独创的调配茶

肯尼亚涉谷店

推荐的红茶

1 原创调配冰奶茶

冰奶茶中使用的茶叶，是只有老板才知道配方的调配茶。这款茶叶也会运用在"压榨茶"（500日元）等产品中。

2 肯尼亚原创调配茶

比冰奶茶的茶叶更加细碎的原创调配茶。建议大家和浓醇的牛奶一起饮用。店内饮用：380日元。

肯尼亚名产冰奶茶拥有延续了30年的秘传味道

红茶店"肯尼亚"（Kenyan）开设于1978年。店内的菜单上，总共包含了9种红茶和7种调味茶。而在这其中，八成以上的顾客都会选择的就是冰奶茶。

这里所说的冰奶茶，是在熬煮了只有老板才知道配方的独特的调配茶叶后，将浓郁的茶汤倒入盛放着碎冰块的杯子中，然后再加入牛奶后得到的产物。恰到好处的甜度和茶汤的浓郁味道搭配相得益彰，堪称绝妙，只要喝过一次就会难以忘怀。

店铺信息

肯尼亚涉谷店
东京都涉谷区神南1-14-8南部大厦1层
☎：03-3464-2549
营业时间：11:30—22:00
休息日：无
http://www.kenyan.co.jp

1. 店长岩户先生在灵活麻利地制作不断有人下单的冰奶茶。
2. 冰奶茶，380日元（大杯为480日元）。
3. 店铺位于林立着众多服装店的神南区的一角。去年12月中旬才刚刚重新装修过。

在古典风格的西式茶屋中度过幸福的下午茶时光

“镰仓欧林洞”是对美术馆进行了改装的古典风格店铺，可以让大家度过优雅的午后休闲时光。在菜单中出现的12种原创调配茶里，人气最高的就是颜色和香气都很有特点的水果茶。其恰到好处的酸味和适度的甜味让很多人都成为了回头客。

“本店原本主打的是西式糕点，红茶是为了搭配糕点才出现的。”如店长所说的那样，这家店铺的魅力之一，就是红茶和西式糕点的组合。外观漂亮、品种丰富的蛋糕和8种磅饼的味道都相当不错，不管是哪一款都非常适合搭配红茶。

10

搭配着西式糕点来品味香气浓郁的水果茶

镰仓欧林洞

1. 蜜桃杏仁茶，850日元。其特征是轻柔的香气和爽快的酸味。磅饼拼盘，550日元。
2.3. 店内的壁纸、日用器具和家具等，都是欧洲的产品。

推荐的红茶

1 格雷伯爵茶与金盏花

在格雷伯爵茶中加入金盏花和锦葵花这两种香草，制作出华丽的调配茶。店内饮用：750日元，外售：75克1,300日元。

2 猕猴桃草莓

在刺玫果和芙蓉花的酸味中，能够感受到猕猴桃和草莓的甜味。店内饮用：850日元，外售：80克1,300日元。

店铺信息

镰仓欧林洞
神奈川县镰仓市雪之下2-12-18
☎：0467-23-8838
营业时间：11:00—18:00
休息日：无

05

被制作者视为“作品”
的各种红茶

高音谱号茶沙龙
吉祥寺店

像享受音乐那样品味红茶

“高音谱号茶沙龙”（TEA SALON Gclef）作为能够品味红茶专营店“高音谱号茶市”（TEA MARKET Gclef）的红茶门店，于2008年开张营业。店内包含有机栽培红茶在内的，用真诚态度制作出来的红茶，都伴随着茶园的名字一起排列在菜单上。工作人员说：“红茶的制作人和制作环境，都会对红茶的味道产生巨大的影响。本店的红茶，全都被制作者视为重要的作品。而我们也在充分体察了他们的意图后，将红茶以最恰当的形式提供给了顾客。我们的目标，就是营造出仿佛作曲家和演奏家一般的关系。”顺便说一句，店名中的“Gclef”，就是“高音谱号”的意思。

推荐的红茶

1 金色手卷 喜马拉雅顶级茶

茶园方面也把这款茶视为品质最佳的产品，对它赞不绝口。是同时兼具了春摘茶和夏摘茶个性的佳作。店内饮用：997日元，外售：50克2,940日元。

2 玫瑰白毫（Rose Pekoe）

将阿萨姆茶和大马士革玫瑰调配到一起，象征着印度文化的红茶。店内饮用：630日元，外售：50克756日元。

店铺信息

高音谱号茶沙龙
武藏野市吉祥寺本町2-8-4
☎电话：0422-26-9239
营业时间：9:00—22:00
休息日：12月31日、1月1日
官方网站：http://www.gclef.co.jp

1. 经典款的阿萨姆夏摘茶曼加拉姆茶园FTGFOP1 Cl 特级（Special），和它放在一起的是价格为787日元的浆果华夫饼（标准尺寸）。
2. 工作人员两角女士提供的是价格为945日元的红茶圣代。
3. 位于距离吉祥寺车站步行约5分钟路程的地方。店内洋溢着古典的氛围。

1. 身为老板的夏目先生。店内氛围柔和，仿佛夏目先生的人品都渗透其中。 2. 把包围着厨房的柜台、大桌和双人席都算在内，共有15个席位。 3. 红茶方面，以标准型的易于入口的品种为主。

店铺信息

欧小径品茶店
东京都文京区向丘1-9-18
☎ 03-3815-7288
营业时间：9:00—20:00（最后下单时间：19:30） 休息日：不定期
http://www.o-track.com

12

在和风的时尚空间中邂逅美味的红茶

欧小径品茶店

推荐的红茶

1 大吉岭

每年3次，分别在春季、夏季和秋季精选出的应季茶叶。可以让人感受到不同季节的茶叶的差异。店内饮用：750日元，外售：50克2,000日元。

2 汀布拉

虽然可以感受到浓郁扎实的味道，但是没什么特点，是一款很容易入口的红茶。店内饮用：650日元，外售：50克1,000日元。

一手拿着书籍，一边品味标准型的红茶

“欧小径品茶店”是2007年在文京区白山开业的店铺。在让人想要阅读书籍杂志的宁静安详的空间中，顾客可以饮用到以印度和斯里兰卡为主，也包括了中国与尼泊尔产品在内的共计15种左右的红茶。身为店主的夏目大辅先生表示：“我不会以奇巧取胜，而是为大家提供正统派的品种。我希望大家能够首先了解到红茶自身的美味，进而对红茶产生兴趣。”

除此以外，甜点类的食品也是夏目先生亲手制作出来的。他说：“因为与司康饼或是蛋糕之类的甜食一起品味的话，红茶的涩味就会得到中和，所以我希望大家也能一起尝尝这里的甜点。”

13

路过就暂时停下脚步，
进来享用一下
世界各地的红茶吧

叶藏茶屋

对充满个性的茶叶进行更宜饮用的调制

店主仓林先生秉承着“想要提供价格合理亲民的茶叶”的愿望，在2005年开设了这家“叶藏茶屋”。近7平方米左右的店面采用的是山中小屋的设计风格，白天，灿烂的阳光照射进来，让人感觉十分舒服。因为这里收罗了欧洲、亚洲和非洲等地超过50种富有个性的茶叶，所以确实算得上是“茶叶的宝藏”了。仓林先生说：“我觉得每一片不同的土地，都孕育着拥有自己特征的茶叶，这是非常有意思的事情。为了迎合国人的口味，我还会对挑选出来的红茶进行调制，让它们变得更加容易饮用。”叶藏茶屋收罗了200多种茶叶的网店也很值得关注。

推荐的红茶

1 香料马萨拉茶

香料的特点被充分发挥出来的红茶。可以清饮，也可以一面品尝味道一面加入牛奶。50克525日元。

2 樱桃雪花

在从冬季到春季的时间段中都适合饮用的红茶。拥有焦糖般的甘甜香气，口感相当醇厚。50克578日元。

1

店铺信息

叶藏茶屋
东京都三鹰市下连雀4-17-2
☎：0422-48-8937
营业时间：11:00—20:00
休息日：周一、周四
http://www.hagurachaya.com

1. 充分加入了小豆蔻等香料的香料红茶，380日元。可以搭配价格为430日元的“法式吐司和冰淇淋”。
2. 在温暖的季节中，穿堂风让店内的空间感觉十分舒适。到了冬季，中央的桌子会改成暖炉。
3. 店主仓林先生会亲自去采购世界各地的各种茶叶。

2

3

14

融入街上行人的日常生活中的浓厚奶茶

千驮谷店

推荐的红茶

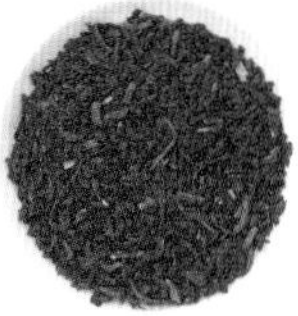

1 蒙默思郡调配茶

调配了10种茶叶的红茶。附带着“蒙默思郡茶”的配方。也可以通过网站来购买。100克980日元。

1.“蒙默思郡茶”，中杯：280日元，大杯：320日元。每天都有众多粉丝前来购买，足以证明其美味程度。 2.非常适合在路过时进去休息一下。 3.陈列柜中摆放着乳蛋饼和松饼。 4.很多人都和老板柏井庆一先生聊聊天，放松放松精神。

店铺信息

蒙默思郡茶
千驮谷店
东京都涉谷区千驮谷1-21-2
☎：03-3478-2357
营业时间：平日：8:00—22:00，周六：8:30—20:00，周日：9:00—20:00　休息日：无
http://www.monmouth.jp

想要品尝着乳蛋饼或是水果馅饼来放松一下精神

自从4年前开业后，“蒙默思郡茶”（Monmouth Tea）自身的存在感便日渐突出，成为了千驮谷的街角名店之一。而顾客们的首选饮品，就是冠上了店名的“蒙默思郡茶”。这款使用了充足茶叶的浓厚奶茶，喝下去后首先会感到甜味，接着便是紧随其后的茶叶风味，其美味程度让很多人都成为了它的忠实粉丝。虽然有很多人会打包买走，但也有不少人更愿意坐在面积不大的饮食空间中，一面和店长进行愉快的交流，一面悠然地饮茶。

在这家店铺的陈列柜中，还摆放着小小的厨房中每天烘烤出来的乳蛋饼、水果馅饼和松饼。除了“蒙默思郡茶”以外，这些糕点也让不少顾客情有独钟。

在竹林的包围下，度过宁静的时光

在日本的传统文化中，有着“茶之汤”这样的词汇，而这家店铺的名称“茶之愉”中，则包含了更加自由、轻松和舒适地“享受饮茶过程”的感情。这里以前曾经是一家茶叶精品店，进口并销售来自全世界的120余种茶叶。在2008年，它被改装成茶店后重新开张。在这里，大家可以享用到以原创品牌的红茶为主的日本茶和中国茶，此外，作坊中制作出来的各色甜点，以及盛放在“三段重”（三层的食盒）中的限定版午餐也极具人气。最重要的是，因为透过落地玻璃窗可以看到包围着店铺的竹林，且店内的空间相当舒适悠闲，这里可以为大家提供一个放松精神的环境。在这里，我们可以亲身感受到“享受饮茶过程”的真正含义。如果是在晴天前去拜访的话，露台上的席位也值得推荐。

推荐的红茶

1 热带水果混合茶

充满了南国水果香气的红茶。它会散发出轻柔而甘甜的香气。店内饮用：700日元，外售：50克650日元。

2 苹果茶

苹果的香气和肉桂成了点睛之处。是一款非常适合用来熬煮奶茶的红茶。店内饮用：700日元，外售：50克600日元。

15

店内的用心招待让人感受到什么是“享受饮茶过程”

茶之愉

店铺信息

茶之愉
东京都武藏野市吉祥寺2-15-3
☎：0422-22-6444
营业时间：11:00—19:00
休息日：不定期
http://www.cha-no-yu.com

2

3

1

1. 极具人气的茶之愉调配茶，是以带有甜味的阿萨姆，和涩味较轻的锡兰茶调配而成。店内饮用：700日元，外售：50克650日元。大家还可以自由选择自己喜欢的蛋糕及红茶或咖啡的组合，一份套餐1,000日元。
2. 采用了落地玻璃、笼罩于竹林之中的店面。露台中的席位可以让人充分地体验到舒适悠闲的感受。
3. 店内也有单间，在不同的席位，可以享受到不同的风景。

图书在版编目(CIP)数据

红茶赏味指南 / 日本EI出版社编著 ；丁莲译.—武汉 ：华中科技大学出版社，2018.8
ISBN 978-7-5680-4298-7

Ⅰ.①红… Ⅱ.①日… ②丁… Ⅲ.①红茶-基本知识 Ⅳ. ①TS272.5

中国版本图书馆CIP数据核字(2018)第163329号

红茶赏味指南
Hongcha Shangwei Zhinan

（日）EI出版社 编著 丁 莲 译

出版发行：华中科技大学出版社（中国·武汉） 电话：(027) 81321913
北京有书至美文化传媒有限公司 (010) 67326910-6023
出 版 人：阮海洪 邮编：430223

责任编辑：莽 昱 特约编辑：唐丽丽
责任监印：徐 露 郑红红 封面设计：锦绣艺彩

制 作：北京博逸文化传媒有限公司
印 刷：联城印刷（北京）有限公司
开 本：880mm × 1230mm 1/32
印 张：6.25
字 数：100千字
版 次：2018年8月第1版第1次印刷
定 价：69.00元

華中科技

本书若有印装质量问题，请向出版社营销中心调换
全国免费服务热线：400-6679-118 竭诚为您服务